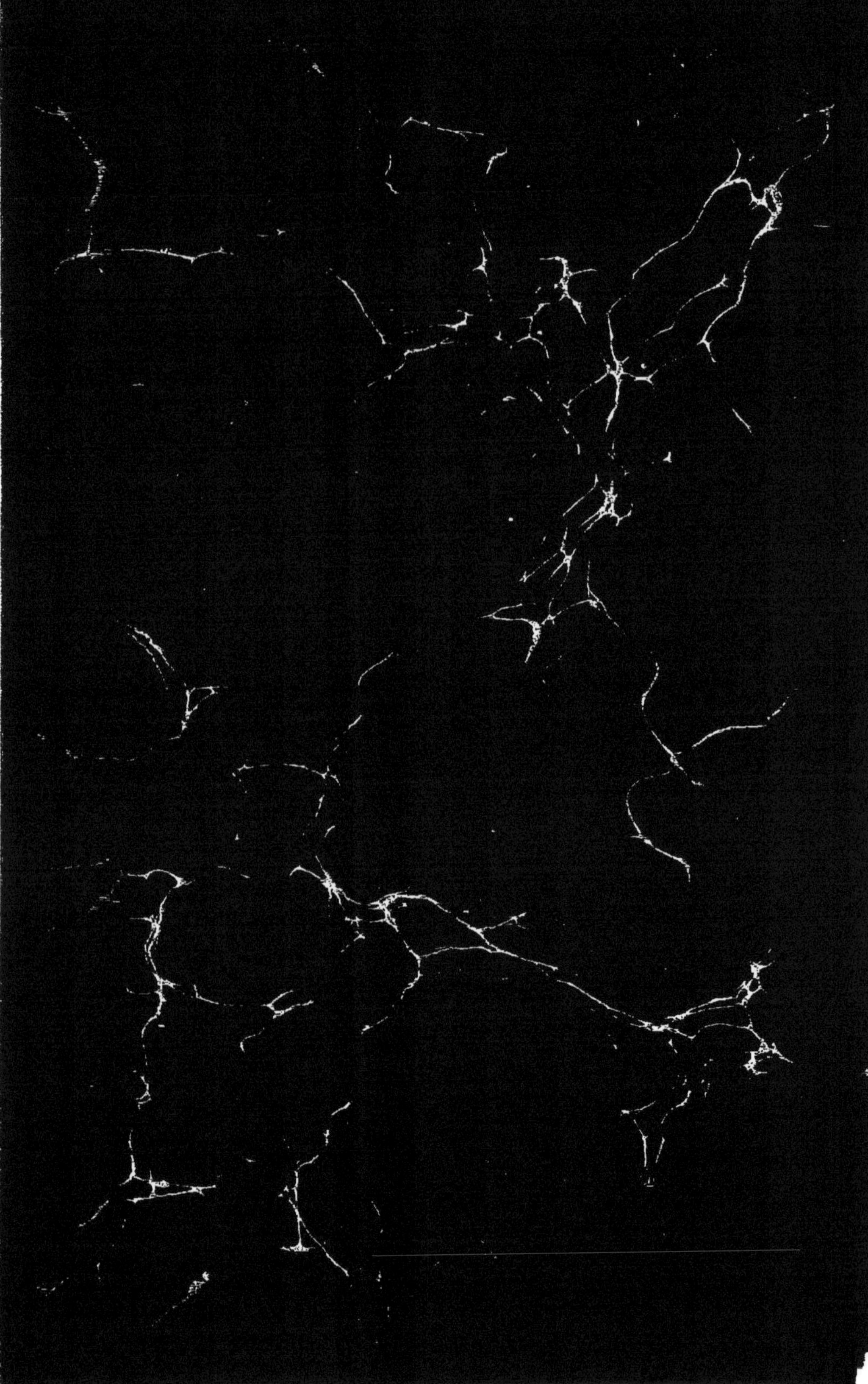

GÉNÉRATION

DE L'HOMME.

IMPRIMERIE D'ÉVERAT,
Rue du Cadran, n° 16.

GÉNÉRATION
DE L'HOMME

OU

DE LA PRODUCTION DES SEXES,

DE LA FÉCONDITÉ, DE LA STÉRILITÉ ET DE LA DURÉE DES GESTATIONS, D'APRÈS L'OBSERVATION DES PHÉNOMÈNES DES REPRODUCTIONS NATURELLES;

PAR

J.-B. DEMANGEON,

Docteur en philosophie et en médecine, membre de l'Académie royale de Médecine de Paris, et de plusieurs autres Sociétés savantes.

PARIS,

LIBRAIRIE DES SCIENCES MÉDICALES

DE JUST ROUVIER ET E. LE BOUVIER,

RUE DE L'ÉCOLE DE MÉDECINE, n° 8.

1834.

TABLE ET SOMMAIRES DES CHAPITRES.

saint Augustin. Divergence d'opinions des auteurs, causée par la différence des mois lunaires et du calendrier ; et par l'admission de mois complets. Ce qui peut faire varier le terme de la gestation de plusieurs jours et même de plusieurs semaines dans la même espèce. Expériences et observations qui prouvent que la gestation et même l'incubation n'ont point de terme invariable. Époque où la viabilité et l'aptitude à succéder ou à recevoir des donations sont admissibles.

PRÉFACE.

J'offre au public un ouvrage dont le sujet intéressant est si difficile à traiter, dans l'état actuel de nos connaissances, que, pour en lustrer les parties obscures, j'ai été obligé de faire des excursions nombreuses dans les trois règnes de la nature, dont j'ai examiné les reproductions comparativement avec celles de l'homme. Aucun autre traité, que je sache, ne présente la même étendue de vue ni un rapprochement de faits aussi variés. Celui de M. Girou de Buzareingues, intitulé *De la Génération*, et publié en 1828 chez Mme Huzard, n'étant écrit que dans l'intérêt de l'agronome, lui offre à la vérité des expériences curieuses et utiles pour l'économie rurale, mais sans rapport avec la génération de l'homme, et sans but pour approfondir les divers modes de revivifications, ou montrer l'enchaînement de leur ensemble. Toutes ses recherches sont consacrées à l'utilité des animaux domestiques et aux résultats de leur accouplement, ce que je n'ai eu garde de négliger dans ce traité. Mais au lieu de borner mes regards à ce point de vue, je les ai portés sur toutes les revivifications de la nature, en appelant à mon secours les faits qui les manifestent, pour faire sortir de leur comparaison critique la vérité ou l'erreur des opinions les plus accréditées. J'ai cherché, autant qu'il m'a été possible, d'éloigner l'erreur des cadres variés et des aperçus multipliés que j'ai présentés pour tous les phénomènes de la vie, et j'ose espérer qu'en faisant connaître l'état actuel de la science sur le sujet que j'ai traité, en établissant de nouvelles vérités, et en provoquant à des investigations ultérieures sur les points douteux ou contestés, j'aurai atteint, au moins en partie, le but d'utilité que je me suis proposé.

ANTHROPOGÉNESE

OU

GÉNÉRATION DE L'HOMME.

CHAPITRE PREMIER.

De la génération dans les espèces dont le sexe est connu.

Pour arriver à la connaissance des causes accidentelles et fortuites qui sont capables de changer le type ordinaire des créations, il faut d'abord savoir quelles sont les lois générales préétablies pour sa conservation. Le point important est de découvrir les procédés de la nature, non-seulement pour les revivifications, mais aussi pour la conservation du type primordial des espèces, pour les ressemblances et les variétés des races, la similitude des sexes et les anomalies produites par des accouplemens factices ou forcés, l'influence du climat, de la nourriture et de plusieurs autres circonstances accidentelles. Mais, en supposant que l'on ne puisse approfondir ce sujet, l'on ne pourrait cependant nier les faits, ni se refuser aux conséquences déduites de leur analogie et de leur connexité constante. L'esprit humain ne peut pavenir à tout expliquer ; et, s'il n'admettait que les choses dont l'explication lui est facile, il faudrait commencer par nier la vie que nous ne connaissons que par ses phénomènes, et révoquer en doute notre propre existence, dont le principe est encore un mystère pour nous.

En nous tenant en garde contre les extrêmes vers lesquels la présomption se laisse si facilement entraîner, nous concilierons la médecine humorale avec le solidisme, au lieu de nous déclarer exclusivement pour l'une ou pour l'autre. Nous sentirons alors que pour reproduire ou engendrer un être organisé d'une espèce quelconque, il faut que la nature ait élaboré et mis en réserve des élémens assimilés à ceux dont se compose cette espèce, et qu'ensuite un concours de circonstances prévues et voulues par le créateur de toutes choses, y allume le flambeau de la vie dans un foyer propre à l'alimenter par des matériaux identifiables. La génération est l'acte par lequel se réunissent et se vivifient les élemens mis en réserve par la nature pour une nouvelle organisation individuelle, et, par extension, l'on applique aussi ce terme au développement progressif de cette nouvelle organisation.

Dans les végétaux, le *pollen*, qui est une poussière fécondante attachée aux *anthères*, dont se couronnent les *étamines* ou filets de fleurs mâles, venant à s'introduire par le *stigmate* dans le *style* ou le conduit vaginal de l'*ovaire*, qui est un renflement en forme d'œuf dans les plantes femelles, donne lieu, par l'évolution du *pistil*, à la formation des semences et des fruits, lesquels mis dans un foyer propre à leur évolution, reproduisent l'espèce de plante dont ils proviennent.

Dans les animaux les plus parfaits, la génération s'opère au moyen de la copulation ou de l'accouplement des deux sexes, par l'imprégnation, qui est la réunion du sperme, liqueur prolifique des mâles, avec les œufs, ou un produit sexuel des femelles, et, dans quelques espèces, sans copulation, par la simple éjaculation du sperme des mâles sur la ponte des femelles. Dans le premier cas il y a conception de la part de la femelle, dès qu'un œuf a été vivifié ou fécondé par le mâle. Dans les mammifères (1), qui sont des animaux vivipares (2), l'œuf, restant muni d'enveloppes

(1) *Mammifère*, en latin *mammifer*, de *mamma*, mamelle, et *fero*, je porte, désigne les animaux qui portent des mamelles.

(2) *Vivipare*, en latin *viviparus*, de *vivus*, vivant, et de *pario*, je mets au monde, se dit des animaux qui mettent au monde leurs pe-

molles, se porte, après la fécondation, par un conduit appelé *trompe*, dans une poche charnue et vasculaire, très-susceptible d'extension et de contraction, appelée *matrice* et aussi *utérus*, où il est fomenté et pourvu de sucs nourriciers, jusqu'à ce que le petit animal qu'il renferme ait acquis assez de solidité et de force pour pouvoir continuer son accroissement hors du sein maternel, par l'allaitement et successivement par d'autres alimens dont la pousse des dents indique l'à-propos et l'espèce. Dans les oiseaux, les serpens, les insectes, etc., qui sont des animaux ovipares, l'enveloppe extérieure des œufs se durcit en forme de coque, par l'absorption d'un principe calcaire qui s'insinue dans son tissu. Les œufs des oiseaux, qui sont pourvus d'un germe manifeste analogue à celui des graines des plantes, se détachent un à un d'une tige appelée *ovaire*, où ils tiennent en forme de grappe, et sont reçus dans l'*oviducte*, espèce de canal membraneux très-court qui les porte au-dehors. Le germe, implanté dans un liquide jaune par une extrémité, et flottant par l'autre dans un liquide blanc albumineux, paraît contenir en miniature les rudimens du poussin ou l'embryon aviculaire; mais

tits tout vivans, même avant l'expulsion des enveloppes de l'œuf; tandis que c'est le contraire chez les *ovipares* et les *gemmipares*, deux mots de la même composition; *ovum*, en latin, signifiant œuf, et *gemma* bourgeon.

il reste inerte jusqu'à ce que l'incubation, ou une chaleur et un milieu convenables, favorisent son développement par l'absorption des liquides au milieu desquels il plonge. Ce germe, que l'on assimile à celui des semences des végétaux, se rencontre aussi dans les œufs non fécondés, et cette circonstance, réunie à son absence dans les œufs de plusieurs autres animaux, l'assimile davantage au pistil des plantes femelles, qui ne se convertit en graine ou embryon végétal qu'après la fécondation.

On croit, mais sans preuves suffisantes, que le petit qui provient des œufs des oiseaux brise lui-même sa coque et l'enveloppe qui la revêt à l'intérieur, pour en sortir, lorsqu'il en a épuisé le liquide, et qu'il a acquis assez de volume pour en être comprimé.

Dans plusieurs espèces, comme les batraciens (1) et les poissons, la fécondation ne s'opère par la semence ou la laite des mâles, que durant ou après la ponte des œufs, par un accouplement sans coït dans ceux-là, et par un frottement les uns contre les autres ou contre les

(1) *Batracien*, du grec *βατραχος*, grenouille, désigne non-seulement les grenouilles, mais aussi les crapauds, les raines, les salamandres, les sirènes, les protées, c'est-à-dire les reptiles sans carapaces ni écailles, avec des doigts très-distincts et sans ongles : leur accouplement se fait sans coït.

plantes, les cailloux, etc., dans les poissons, que l'on dit alors *frayer*, du latin *fricare*, frotter. On désigne sous le nom de *frai* les œufs imprégnés par la laite ou laitance, et l'on nomme aussi *sperniole* le frai des grenouilles.

Un phénomène qui a paru étonnant dans les œufs des oiseaux, c'est que le germe qui plonge par une extrémité dans l'albumine près de la périphérie, tant que l'œuf est liquide, se retire au centre du jaune où il ne se durcit pas entièrement, lorsque l'œuf est cuit dur; ce qui ne peut s'opérer qu'à l'aide d'un principe de contractilité mi en jeu par la chaleur. Cette contractilité peut-être considérée comme le premier degré de l'énergie vitale pour l'assimilation des parties alimentaires.

On voit que la génération s'opère d'une manière analogue dans le règne végétal et dans le règne animal, car on y remarque deux sexes, et la semence des plantes est comme un véritable œuf avec un germe et des enveloppes qui le protègent et tiennent à sa disposition des principes muqueux, féculens et huileux, que l'humidité et le chaud de l'air liquéfient pour la première alimentation de l'embryon végétal ou de la plantule. Un autre point de similitude dans les deux règnes, c'est que les deux sexes sont partagés entre deux individus de la même espèce, ou réunis dans le même individu, que l'on nomme pour cela *herma-*

phrodite, c'est-à-dire mâle et femelle. Ainsi, dans quelques animaux, tels que les coquillages, les escargots, les limaçons et autres mollusques (1), les deux sexes coexistent dans le même individu, de même que dans le plus grand nombre des plantes, telles que le bouleau, le coudrier, le maïs, le froment, le rosier, le lys et beaucoup d'autres. Chez les animaux les plus parfaits les sexes sont séparés, et ils le sont aussi dans plusieurs espèces de végétaux, comme le chanvre, les épinards, le houblon, le genevrier et autres. Il y a cependant cette différence marquée, que dans les végétaux les organes femelles qui sont les pistils, se convertissent en œufs ou semences, et se reproduisent annuellement, même dans ceux qui sont vivaces; ce qui n'arrive jamais dans les animaux dont les organes sexuels sont d'ailleurs plus compliqués. Les organes mâles des végétaux périssent et se reproduisent aussi annuellement après la fécondation, ce qui établit aussi une différence avec ceux des animaux. Ainsi, dans les végétaux, la sexualité n'est qu'un phénomène passager de la floraison, ou un prêt qui leur est fait pour leur mariage; au lieu que dans les animaux, c'est un phénomène constant ou une propriété

(1) Les *mollusques*, du latin *mollis*, mou, sont les animaux de la cinquième classe, qui, sans vertèbres ni articulations, quoique pourvus d'organes pour la circulation, et de nerfs avec un renflement appelé *cerveau*, ont tout le corps mollasse.

qui fait partie de leur constitution et survit à leurs amours. Les moyens de reproduction des deux règnes, n'ont donc de similitude que dans la manière dont l'esprit les conçoit, puisqu'ils ont entr'eux une différence réelle si manifeste. Il en est de même des élémens de vitalité, assimilés par l'esprit humain sous le nom générique d'*œufs*, malgré les dissemblances et les différences réelles que nous aurons plus tard occasion de faire remarquer.

Le mode de vivification que je viens d'exposer, porte le nom de *génération univoque*. C'est celle qui est le plus généralement adoptée, et celle qui a fait dire que tout être vivant sort de l'œuf (*omne vivens ex ovo*). Cependant, comme on ne découvre point de germe dans les œufs d'un grand nombre d'animaux, ni dans les vésicules ovoïdes des mammifères, et qu'au contraire on a observé dans le sperme des animalcules, sous forme de vers ou de têtards, avec des différences propres à chaque espèce; quelques naturalistes en ont conclu que c'était le sperme des mâles qui fournissait la première ébauche du fœtus (1). L'on a encore

(1) Ad patrem alii omnia retulerunt; potissimum postquam notissimi vermiculi seminales per microscopiorum auxilia in masculo semine innotuerunt, qui ipsa sua figura cum primævi embryonis omnium animalium habitu consentire non præter verum adnotatum est. (*Voy.* Haller, *Primæ lineæ physiologiæ, auctæ ab H.-A. Wrisberg*, p. 481. Gœttingue, 1780.)

hasardé beaucoup d'autres explications sur le même sujet que nous aurons occasion d'examiner plus tard. Il nous suffit de donner à présent, pour faciliter l'intelligence de ce qui suit, un aperçu du système le plus généralement adopté et le plus plausible, quoiqu'on n'y puisse trouver la solution de tous les problêmes qui se rattachent à la génération.

CHAPITRE II.

De la génération dans les espèces dont le sexe n'est pas connu.

Il y a une reproduction ou extension de la vie par boutures qui appartient à quelques espèces de vers, aux zoophytes (1) et à un grand nombre de végétaux, appelés pour cette raison *gemmipares*. On ne connaît pas de sexe à quelques champignons, aux algues ni à plusieurs espèces de mousse ou lichens, non plus qu'à certains animaux, tels que les radiaires, les polypes de mer, les vibrions et les infusoires en général (2); ce

(1) *Zoophyte*, du grec ζωον, animal, et φυτον, plante, signifie animal-plante, parce que cette espèce semble vivre à la manière des plantes.

(2) Les infusoires sont des animaux que l'on ne découvre guère que dans les liquides qui ont des matières animales ou végétales en infusion, et comme il faut un microscope pour les voir, on les appelle aussi *animaux microscopiques*. On appelle *volvoces* ceux qui tournent continuellement, du latin *volvo*, se tourner, et *monades*, du grec μονος, seul ou simple, les plus petits qu'on ne peut voir qu'au micro-

qui prouve, non qu'ils en manquent, mais que nos connaissances sont bornées, et ne nous autoriseraient pas suffisamment, sans d'autres raisons, à admettre, avec quelques naturalistes, une *génération équivoque*, c'est-à-dire, une production d'animaux par une efficience ou une spontanéité inhérente à la matière en dissolution ou en putréfaction, sans la participation d'un autre être vivant, congénère ou de même nature. Au moins, a-t-on prétendu découvrir des œufs ou quelque chose de semblable dans les infusoires du riz, et en mettant un morceau de chair fraîche dans un vase bien clos pour l'empêcher d'être contaminé par les œufs que le vent ou des insectes peuvent y porter, et en l'y laissant tomber en putréfaction, l'on n'y voit rien grouiller de vivant. Néanmoins, cette expérience n'est pas très-décisive; car l'air atmosphérique et un certain degré d'humidité sont des élémens nécessaires à la vie de la plupart des animaux, dont quelques-uns, tels que les mouches, les infusoires, ressuscitent, par leur retour à l'air et à l'humidité, après une lon-

scope solaire. Les *vibrions*, ainsi nommés à cause de leur mouvement de vibration ou de tremblement par secousses, sont des infusoires filiformes comme de petites anguilles, que l'on observe dans le vinaigre, la colle de farine, etc. On désigne aussi les infusoires sous le nom de *polypes amorphes*, du grec πολυς, plusieurs, et ποῦς, pied, qui a plusieurs pieds, et de μορφὴ forme, figure, mot qui, précédé d'α privatif, signifie sans figure ou informe.

gue perte de tout signe de vie, et même on a observé que les polypes rotifères (1), qui se trouvent dans les eaux croupissantes, après une immobilité et un dessèchement prolongés pendant des années entières, se sont mus de nouveau, lorsqu'ils ont été rendus à l'humidité. C'est un phénomène qui s'observe aussi dans les animaux plus parfaits, par exemple, dans l'homme, que l'on peut encore rappeler à la vie, après plus d'une demi-journée d'asphixie ou d'apparence de mort, par la submersion dans l'eau, la respiration du gaz acide carbonique du charbon ou des cuves de vendanges, l'engourdissement par le froid et par d'autres causes quelquefois inconnues. Une femme enceinte peut paraître morte, et cependant vivre encore, dit Cangiamila (*Abrégé de l'Ambryologie sacrée, traduite par Dinouart*, page 69). Dix ans avant que je fusse curé à Palerme, dit cet auteur, une femme pieuse de ma paroisse demanda que, dès qu'elle serait morte, on lui fit l'opération césarienne. Un chirurgien étourdi oublia de s'assurer de la réalité de la mort ; il l'ouvrit, et elle donna,

On appelle *rotifères* ou *rotateurs* les polypes qui communiquent à l'eau un tourbillonnement ou une rotation rapide par les cils dont leur bouche est garnie, et par lesquels ils attirent les molécules dont ils se nourrissent. Les polypes *coralligènes* sont contenus dans des cellules calcaires dont la réunion produit les coraux : de là leur dénomination. Les *amorphes*, du grec μορφὴ, forme, figure, et d'α privatif, sont ceux dont on ne distingue pas bien la forme ou la figure.

par le grincement de ses dents et la contorsion de sa bouche, des preuves qu'elle n'avait point perdu la vie. Peu et Mery commirent la même faute. Le célèbre anatomiste André Vésale, premier médecin de Charles-Quint, et ensuite de Philippe II, roi d'Espagne, ouvrit aussi, en 1564, le cadavre d'un gentilhomme espagnol, qu'il croyait mort, et lorsqu'il se mit à le disséquer, les assistans s'aperçurent que le cœur palpitait encore; la famille en ayant été instruite, fut indignée de cette méprise, et déféra Vésale au tribunal de l'inquisition, qui le condamna, pour expiation de ce meurtre, à faire un pélerinage à Jérusalem, au retour duquel il mourut à l'âge de cinquante ans, dans un village de l'île de Zante, où il fut jeté par une tempête. Des serpens congelés pendant des mois entiers, au point de pouvoir être cassés comme des bâtons; les abeilles et d'autres insectes, engourdis et rendus immobiles par le froid pendant assez long-temps, reviennent également à la vie lorsqu'une température plus chaude rend leurs organes perméables à l'air.

Les animaux font en quelque sorte la digestion de l'air atmosphérique, c'est-à-dire qu'ils en opèrent la décomposition pour s'en approprier la partie que l'on nomme vitale ou oxigène; l'homme, les quadrupèdes et les oiseaux par les poumons; les poissons, par un petit réservoir par où ils absorbent l'air atmosphérique ; les insectes, par de petites ouvertures sur la surface de leur corps, auxquelles on donne le nom de stigmates ou de trachées. Ce qui prouve que l'air est un principe de vie (*pabulum vitæ*), c'est qu'un animal, renfermé sous le récipient de la machine pneumatique, s'agite et succombe bientôt à l'épreuve du vide, tant par l'absence de l'air extérieur, que par l'expansion de l'air intérieur, et que, si l'épreuve n'a pas été trop longue, il reprend vie à l'air libre. Les émanations lumineuses et calorifères du soleil ont aussi sur les phénomènes de la vie une influence incontestable dont le mode ne paraît pas encore bien connu. Pour n'en citer qu'un exemple, j'avais ramassé sur la neige, le 15 février 1829, cinq abeilles qui me parurent mortes ; j'essayai de les ranimer, dans le creux de ma main, par mon souffle, ce qui m'avait plusieurs fois réussi ; mais cette fois je ne parvins à réveiller aucun mouvement, et je les mis sur une planche du rucher où le soleil ne donnait pas. Le lendemain 16, allant voir le rucher par un soleil un peu plus chaud que la veille, donnant sur une neige épaisse, pour savoir si les mouches ne s'étaient pas fait quelque passage pour sortir, l'idée me vint de mettre au soleil, sur une planche, les cinq abeilles, toujours immobiles de la veille ; et, au bout de trois ou quatre minutes, elles commençaient toutes à remuer et à marcher, mais ne prirent pas assez de force pour s'envoler. Il y a donc dans l'air atmosphérique réchauffé par le soleil quelque chose de plus vital que dans le même air réchauffé artificiellement; et voilà une nouvelle preuve que le souffle le vicie dans son principe vital.

Cependant ces observations, en prouvant la nécessité d'une communication avec l'air atmosphérique, et d'un certain degré de chaleur et quelquefois d'humidité pour la plupart des animaux, n'établissent pas la même nécessité pour tous; car on a trouvé des crapauds vivant depuis un grand nombre d'années dans des roches et d'autres cavités imperméables à l'air et à l'humidité de l'atmosphère; ce qui doit faire supposer que, pour subsister, ils décomposent en partie les corps ambians, effet que produisent aussi dans les roches mêmes, au moyen de leur nature phosphorique, les zoophytes lithophages, espèces d'animaux-plantes qui, rattachés par leur habitation pierreuse au règne minéral, par une absorption nutritive sans locomotion au règne végétal, et par des mouvemens de spontanéité en divers sens au règne animal, semblent lier les trois règnes, et établir, par des degrés presque insensibles, le passage de l'un à l'autre. Quoi qu'il en soit, pour que l'expérience d'une putréfaction isolée dans un vase clos fût décisive, il faudrait avoir démontré que non-seulement l'air, l'humidité, mais aussi les principes calorifères et expansifs des rayons solaires, l'électricité et tous les élémens propres à provoquer et à alimenter la vie, ont conservé, dans cette expérience, le degré d'influence qui leur est assigné dans l'organisation et la conservation des êtres vivans. On la rendrait toutefois déjà plus probante, si l'on parvenait à conserver assez long-temps en vie, dans des vases clos, les animalcules qui se développent dans les corps putréfiés à l'air libre.

L'influence de l'air atmosphérique, de l'humidité et des fluides impondérables, est également nécessaire au développement des productions végétales, car la graine ne germe pas sans leur concours simultané; et l'on prévient la moisissure des tonneaux, non-seulement en les souffrant, mais aussi en les bouchant immédiatement après en avoir tiré le vin ou en les défonçant pour les faire sécher. L'on prévient pareillement la moisissure et la décomposition des pâtes cuites, des viandes, des légumes, des fruits par leur desséchement, leur minéralisation et leur isolement du contact de l'air. De là l'usage du biscuit, des salaisons, des condimens acides, des fruits et légumes secs ou isolés du contact de l'air, pour les voyages de mer. C'est sur les mêmes principes qu'est fondée la conservation des corps dans l'esprit de vin, dans les graisses et par l'embaumement. L'on pourrait croire que l'air atmosphérique n'est utile que pour servir de véhicule aux œufs et aux semences des espèces minimes, s'il n'était prouvé que même avec les semences, la germination n'a pas lieu sans l'air atmosphérique, et que, sans lui et la chaleur, les œufs n'ont point d'évolution vitale : c'est que le mouvement et la confusion des élémens ne s'opère nulle part aussi bien que dans l'atmosphère, et c'est même à l'agitation et au mélange des élémens que sont dues sa salubrité et son efficience vitale.

On a allégué d'autres raisons que la putréfaction en faveur de la génération équivoque, c'est-à-dire, en faveur d'une formation d'êtres vivans, sans la participation d'un individu congénère, laquelle serait produite par une spontanéité de particules vivaces, répandues et confuses dans la nature, ou autrement par une efficience capable, sous l'influence et avec le concours des fluides impondérables tels que l'électricité, le galvanisme, le magnétisme, le calorique et la lumière, de coaguler la matière protogène d'abord en points gélatineux, transparens, amorphes et vacillans, désignés par Müller sous le nom de *monades*, pour caractériser les plus simples des animalcules que l'on connaisse ; puis de la filer sous forme de petites anguilles en vibrions dans le vinaigre, la colle de farine, sur les mares et les étangs, et en général, dans les infusions des végétaux, et successivement de la produire en volvoces, zoophytes, hydres, radiaires, astéries, etc., dans le règne animal, comme seraient produits dans le règne végétal les conferves, les moisissures, les lichens, quelques champignons et d'autres cryptogames; car, si l'on a reconnu l'existence de ces différens êtres, on est encore incertain sur le mode de leur génération, ainsi que sur celui des cirons et des mites qui naissent dans le fromage; et l'analogie qui les revendique au système de la génération univoque est contrebalancée par celle qui les porte dans le système de la génération équivoque, sous des autorités à peu près équipondérantes.

Ceux dont tout l'avoir intellectuel consiste en doctrines de fantaisie, au lieu d'examiner la question, la décideront négativement, d'après une idée préconçue d'inertie qu'ils prêtent à la matière, et par laquelle ils la privent de toute activité, et par conséquent de toute action spontanée, ne lui laissant que la susceptibilité d'être mue et modifiée par des agens d'une essence différente, en ôtant ainsi à Dieu, créateur de l'universalité des choses, le pouvoir d'une création régie par d'autres lois que celles que leur intérêt et leur vanité leur ont fait imaginer. Demandons-leur, à ces superbes régulateurs de la puissance de Dieu, qui, d'après leur système, n'aurait pu, à la création, accorder aucun principe d'activité et de spontanéité à la matière, si c'est par inertie que les liqueurs fermentent et s'échappent avec impétuosité des vases qui les renferment; que les plantes conservées dans des caves et d'autres lieux obscurs se portent vers les points les plus lumineux; que l'aimant attire le fer et lui communique sa polarité qui règle la boussole; que se fait le passage de la matière électrique d'un nuage à l'autre à la lueur des éclairs et au bruit du tonnerre; que les corps gravitent vers le centre de la terre; que le calorique, par antagonisme, les en éloigne et les suspend dans l'atmosphère sous forme de vapeurs et d'effluves; que la terre et les autres planètes roulent autour du soleil et ramènent annuellement les mêmes saisons; que les corps célestes se meuvent dans leurs orbites et se contrebalancent dans l'espace, en reproduisant, à des périodes calculées d'avance avec la plus grande précision, les mêmes phases et éclipses; que les acides et les alcalis s'attirent et se pénètrent réciproquement avec effervescence, en prenant une nouvelle forme de leur composition mutuelle; que les particules salines et minérales s'agrègent, non confusément, mais par des cristallisations de formes et de figures régulières, toujours les mêmes, et variables seulement selon la différence des composés; que les fleurs s'épanouissent et se referment alternativement sous l'influence du jour et de la nuit; que le tournesol suit les mouvemens du soleil; que les étamines et les pistils des fleurs s'inclinent les unes vers les autres, et se recherchent réciproquement sur la surface des eaux et dans le vague des airs, à des distances très-éloignées; que des graines restent inertes ou se développent en végétaux magnifiques, selon les circonstances où elles se trouvent, etc. Dès qu'on touche les filets des étamines du berberis, ils entrent en mouvement; et, d'après un mémoire de Descemet, inséré dans le troisième volume du *Recueil périodique de la Société de médecine de Paris*, pag. 177, le mouvement des étamines se manifeste aussi sans irritation, par une action spontanée, déterminée par la nature pour la fécondation. Les feuilles de l'*hédysarum gyrans*, espèce de sainfoin, ont un mouvement continuel en tournant sur leur pétiole, et, selon les observations de Scanagata, professeur à l'université de Bologne, ce mouvement spontané et continu, tenant principalement à l'organisation articulaire des folioles latérales avec la tige du pétiole commun, n'est point le résultat d'un stimulant accidentel et momentané, comme celui des feuilles de la *mimosa pudica* ou *sensitive*, de la tige de la *valisneria*, de la corolle de la *dionœa muscipula*, de l'*onoclea sensilis*, des étamines du *bignonia catalpa*, de la *pariétaire*, etc. Voilà une partie des phénomènes nombreux qu'il serait difficile de concilier et de concevoir avec l'inertie de la matière, même en admettant une création perpétuelle sur le type primordial par un être universel agissant en tout lieu, en tout temps, et sur toutes les essences modifiables.

Quoi qu'il en soit, la matière fournit des particules actives et vivaces aux organes de la génération, et pour en fournir, il faut qu'elle en soit pourvue. La question dont il s'agit se réduit donc, dans sa plus grande simplicité, à savoir si, sans organes de la génération, il peut y avoir des combinaisons ou compositions matérielles d'où puisse résulter la vie, comme il y en a d'où résulte la formation de l'oxygène et de l'hydrogène en eau, de l'eau en vapeurs, en neige et en glace; des acides et des alcalis en cristaux variés; des combustibles en chaleur, lumière, vapeur, suie, charbon, cendres et alcalis par l'accession du feu; des corps opaques en corps lumineux par l'accession du phosphore, etc. Curt Sprengel, l'un des médecins modernes les plus savans, se prononce pour l'affirmative, en s'exprimant de la manière suivante dans ses *Institutions physiologiques* : « Ainsi la génération appelée équivoque, dans laquelle il ne faut point la participation d'un congénère, est le résultat de l'efficience même de la nature universelle, et elle n'a rien d'absurde, pourvu toutefois qu'on la restreigne aux créations imparfaites, c'est-à-dire, aux corps d'une individualité peu prononcée. Mais dire quels sont ces corps, et établir la ligne de démarcation qui les sépare de ceux qui sont plus parfaits, n'est point une chose aisée. Je ne doute nullement que les moisissures, les champignons les plus imparfaits eux-mêmes et les lichens, de même que les animalcules infusoires et les zoophytes, ne puissent provenir également d'une génération équivoque, c'est-à-dire de l'efficience d'un organisme universel, comme cela se fait dans les sels et les cristaux (1). »

Quoique cette opinion s'accorde avec plusieurs faits dont elle peut rendre raison, et que l'on ait toujours admis des *aphrodites*, c'est-à-dire, des animaux qui se reproduisent sans copulation con-

(1) Itaque generatio quæ æquivoca dicitur, quæque nullam congeneris symbolam requirit, ex ipsa naturæ universæ efficientia proficiscitur, neque absoni quidquam habet, dummodo ad inchoatas duntaxat naturas, i. e. ad minus individua corpora restringitur. Quænam vero sint ea corpora, quibusve limitibus ab aliis perfectioribus discriminentur, haud protinus patet. Mucores et gastromycetas, ipsosque imperfectiores fungos et lichenes, dein animalcula infusoria et zoophyta pariter posse æquivoca generatione, i. e. per universalis organismi efficientiam oriri, ac sales et crystallos, persuasissimum habeo. (*Curtii Sprengel Institutiones physiologicæ*, t. II, p. 482. Amstelod. 1810.)

nue, elle n'a cependant qu'une vraisemblance conjecturale, principalement déduite de la spontanéité des cristallisations, de l'imperceptibilité des modes de vivification par lesquels la nature passe d'un règne à l'autre, et aussi de l'extrême simplicité de la formation du volvoce. « Le volvoce, dit Millin, page 622 de ses *Élémens d'histoire naturelle*, Paris, 1802, est arrondi : on le trouve dans l'eau où l'on a mis des plantes à infuser; il est blanchâtre ou orangé. Il renferme un globule qui sort quand il a rompu sa première enveloppe, et contient lui-même d'autres globules qui paraissent successivement de la même manière; de sorte que cet animal porte en lui-même ses fils, ses petits-fils et leurs nombreux descendans. On trouve dans d'autres infusions d'autres espèces du même genre. » Sprengel s'exprime de la manière suivante sur le même animalcule, *l. c.*, page 486 : « Le volvoce globateur, que je contemple très-souvent, a une enveloppe transparente, hérissée de molécules qui ne sont autre chose que des vésicules dont tout l'animalcule paraît imprégné, jusqu'à leur sortie par les fissures de la cuticule, ce qui constitue certainement le mode de génération le plus simple (2). »

(1) Volvox globator jam quem sœpissime contemplor, moleculis asperam habet cutim diaphanam; eæ moleculæ nihil sunt nisi vesiculæ, quibus totum animalculum fœtum, donec fissa cuticula illæ prodeunt : generationis profecto simplicissimus modus. (*Ibid.*, p. 486.)

Si les deux auteurs que je viens de citer ne sont pas d'accord en tout point, ils s'accordent néanmoins à reconnaître dans le volvoce des vésicules ou globules régénérateurs ; ce qui laisse bien présumer le même mode de propagation dans d'autres espèces, mais ne suffit pas pour dissiper l'obscurité d'une vivification protogène, sans la participation d'un congénère. L'existence des sexes, niée autrefois et reconnue aujourd'hui à l'aide du microscope, par plusieurs observateurs, à la tête desquels se trouvent Micheli et Hedwig, Le Vaillant, dans les champignons et dans d'autres cryptogames, tels que les algues, les hépatiques, les mousses, les fougères, est-elle si évidente et si bien démontrée qu'on ne puisse en contester la réalité, en en attribuant la découverte à la prévention, qui, pour tout faire rentrer dans la génération univoque, aurait bien pu faire voir des semences et des sexes où il n'y avait qu'une espèce de desquemmation de parcelles globulées, comme dans le volvoce, où Millin semble admettre un emboîtement de germes, dont ne parle pas Sprengel ? Sans me prononcer absolument pour ou contre, j'admets pourtant que ces végétations portent, pour la plupart, des globules appelés séminaux, d'où se régénèrent, comme par boutures, ou à la manière du volvoce, des individus semblables, et chacun sait que, pour obtenir les champignons comestibles, il suffit d'arroser des couches de fumier de cheval avec l'eau qui a servi à les laver.

En général, il ne faut recevoir les observations microscopiques qu'avec la plus grande circonspection. Linnée appelle *anthères* la poussière contenue dans les capsules des mousses. Mais Micheli a vu dans la même poussière des particules de différentes figures, dont il a pris une partie pour du sperme et l'autre pour des graines. Selon de Haller, qui prend les mêmes capsules pour un amas de véritables feuilles analogues au bouton des arbres, les fleurs mâles et femelles des mousses sont encore bien incertaines. Aussi Necker, botaniste de l'électeur palatin, n'admet-il pas dans son ouvrage sur les *mousses*, les parties de la fructification que d'autres y ont vues. Toutes les mousses, selon lui, sont perennelles, vivipares, et leur germination n'est pas toujours la même; dans les unes, elle est feuilletée, *musci frondescentes;* dans d'autres, elle est à plumes, *musci plumascentes*, et dans quelques-unes, elle est à simple bourgeon, *musci gemmascentes*. Enfin, un autre muscographe, Jean Hedwig, dit que les fleurs qu'on avait regardées comme femelles dans les mousses, sont précisément les mâles, et que leurs prétendues anthères sont des capsules remplies de semences qui ont des cotylédons, une radicule et une plumule. Il a d'ailleurs trouvé que les fleurs et les fruits de ces plantes sont feuillés. Il mettait dans une goutte d'eau les petites parties qu'il voulait examiner à l'aide du microscope et de quelques aiguilles. Que l'on juge d'après cela du degré de certitude que l'on peut accorder aux observations microscopiques.

Outre le volvoce, il est reconnu que l'actinie et le polype se reproduisent en entier de chacune de leurs divisions, ce qui prouve encore que la génération est possible sans les sexes. Dans le puceron, la daphnie-puce, la vivipare à bandes des eaux bourbeuses, la femelle engendre, sans le concours du mâle, d'autres femelles qui se reproduisent de même. Cependant on trouve, selon M. Cuvier (*Anatomie comparée*), dans la vivipare à bandes, à la fois et à côté l'un de l'autre, un ovaire et un testicule, un oviduc et un sillon conducteur du sperme; ce qui laisse présumer qu'elle se féconde elle-même, et que sa reproduction ne serait ni l'œuvre d'un seul sexe, ni une génération équivoque. On croit que la reine abeille, l'araignée, etc., produisent plusieurs générations sans le concours réitéré du mâle. L'on voit aussi plusieurs parties d'animaux tronquées se reproduire, telles que la moitié postérieure du ver de terre ou lombric, les pattes et la queue de la salamandre, les antennes, les mâchoires et les pattes de l'écrevisse, les cornes de la limace, la queue du lézard, les plumes des oiseaux, les ongles et les poils des mammifères. Or, si la nature reproduit des organisations simples ou peu compliquées en aussi grand nombre sans le concours des sexes, et surtout sans l'accessoire des œufs, quelle raison solide ou péremptoire pourrait-on alléguer pour faire croire à la non-existence d'une génération équivoque, c'est-à-dire, sans sexe, sans accouplement et sans œufs?

Dans un ouvrage publié à Paris en 1828, sous le titre *de la Génération*, par M. Girou de Buzareingues, dont je n'ai eu connaissance qu'après la composition du mien, il est dit, page 68 : « La formation de la monade et d'autres infusoires peut être spontanée; il serait difficile de détruire tous les faits qui l'annoncent. M. Dugès, professeur à l'école de Montpellier, a prouvé récemment que le vibrion naît de la colle de farine. » (*Annales des sciences naturelles.*)

Nous ne savons pas néanmoins si les infusoires n'existent pas déjà en miniatures, œufs, larves ou germes dans les plantes infusées. Ce qu'il y a de certain, c'est qu'on découvre beaucoup d'animaux microscopiques dans les squammes et la poussière que la brosse détache du cuir chevelu de l'homme et des parties velues des animaux en général, et ce pourrait bien être quelques-uns de ces mêmes animalcules, qui, fortuitement portés sur les pustules et les croûtes de la gale, auraient fait regarder le sarcopte, que tant de médecins y ont cherché en vain, comme la cause de cet exanthème. Quand les chats, les oiseaux et quelques autres animaux, paraissant tourmentés de prurit, se frottent et se grattent à l'imminence d'une température pluvieuse, il n'est pas invraisemblable que le remuement de pareils animalcules, excité par la moiteur, y est pour quelque chose; au moins l'humidité par elle-même n'excite-t-elle pas le prurit, puisqu'au contraire les bains le calment; et, s'il survient souvent après les suppressions brusques de la transpiration et des flux de sang habituels, c'est la qualité irritante de ces humeurs qui le produit. Il y a des animaux qui s'incorporent, pour ainsi dire, dans la substance des autres, comme les hydatides, dont la génération paraît spontanée dans les organes en souffrance, et ils peuvent s'en détacher, sans pour cela être de la même espèce ni les reproduire, leur vitalité, quoique particulière, n'étant pas assez prononcée pour se conserver long-temps hors de la sphère d'une autre. La maladie appelée *pédiculaire* ou *phthiriase*, qui s'accompagne de fortes démangeaisons, est due à une génération prodigieuse de poux de diverses espèces, qui, selon Bonet et d'autres auteurs, serait spontanée, dans la dégénérescence des humeurs, chez certains individus qu'il est impossible d'en guérir et qui en meurent, tels que Hérode, Platon, Ennius, Sylla, Philippe II, roi d'Espagne, et beaucoup d'autres; ces animaux naissent sous l'épiderme, selon Galien, Avensoar; se trouvent en quantité dans les tumeurs prurigineuses, selon Bernard Valentin, et même sous le cuir chevelu et jusque dans le cerveau où ils pénètrent, en perçant le crâne, selon Lieutaud; s'il fallait en croire Amatus Lusitanus, dont le témoignage est très-sujet à caution, ils se multiplieraient avec une telle rapidité, qu'il aurait fallu, dans un cas cité par lui, deux serviteurs journellement occupés à porter ceux de leur maître, par corbeilles, dans la mer. J'ai traité une femme plus qu'octogénaire qui, dans la dernière année de sa vie, où elle était très-affaiblie au physique et au moral, fut tourmentée par une régénération quotidienne de pous si active et si prompte, qu'on ne put l'en débarrasser, et qu'elle en avait la poitrine toute rouge et bourgeonnée, ainsi que d'autres parties du corps, malgré qu'on les lui cherchât journellement plusieurs fois en les brûlant sur un réchaud.

En prenant seulement de tous ces faits ce qui ne sort pas des bornes de la vraisemblance, il serait difficile de se refuser entièrement à l'admission d'une production spontanée de quelques organisations imparfaites, telles que celles des moisissures, des conferves, des hydatides, et auxquelles je ne sache pas qu'on ait encore découvert des semences, des œufs et des sexes. Mais ce qui résulte encore plus évidemment des considérations précédentes, c'est l'existence d'un principe d'activité ou de spontanéité inhérent à la matière en général, dont nous désignons les effets par les termes de gravitation, d'attraction, de répulsion, d'affinité, d'effervescence, de cristallisation, de dissolution, de sublimation, de fermentation, de polarité, de contraction (dans le berberis, la sensitive), d'équilibre, etc. Nous reconnaissons aussi dans la matière des différences d'agrégation et de modification, d'où résulte ce que nous appelons la vie ou la mort. Quant à la cause primitive de ces divers phénomènes, elle est encore problématique; ce qui n'empêche pas que l'on ne puisse admettre, sinon comme démontrée, au moins comme très-vraisemblable, l'opinion de Sprengel dans les restrictions qu'il lui donne; car il ne faut pas beaucoup plus d'apprêt ou d'activité matérielle pour les premières ébauches organiques du règne végétal et du règne animal, que pour les belles cristallisations des sels et des divers minéraux. Il serait moins raisonnable, ce me semble, et il serait contraire à l'adage d'après lequel on dit que Dieu et la nature ne font rien en vain (*Deus et natura nihil faciunt frustra*), d'admettre que les transitions se font de prime abord d'un règne à l'autre par des semences et par des œufs dont la formation serait plus compliquée que les premières ébauches organiques qui en devraient éclore ; à moins que l'on ne veuille appeler semences et œufs tout ce qui présente une matière pulvérulente, liquide, mollasse ou dure, sous une forme arrondie ; mais alors cela reviendrait à la même opinion, car il est démontré que toutes les particules des compositions organiques jusqu'aux divers tissus et humeurs des plantes et des animaux, se résolvent en globules, que Leibnitz avait déjà établis comme premiers élémens sous le nom de *monades*.

L'on peut donc admettre une génération immédiate par l'efficience ou l'activité générale de la nature, en la restreignant aux vivifications qui, par leur simplicité et leur obscurité, paraissent neutres entre les différens règnes. Mais je suis loin de croire qu'on puisse l'étendre aux diverses organisations dont le mode de reproduction n'est pas connu, comme faisaient les anciens, qui allaient jusqu'à supposer à la vase la faculté d'engendrer les grenouilles, à la terre celle de produire les rats des champs, et à certains mollusques anatifes celle de se métamorphoser en canards (1).

Dans les temps d'ignorance, la raison reste muette et recule devant les préjugés et devant toutes les absurdités que l'imagination enfante. C'est ainsi qu'encore aujourd'hui, dans la Chine, la transformation des êtres les uns dans les autres est une opinion généralement reçue; des contes populaires, dénués de toute espèce d'observations judicieuses, y ont fait adopter les théories les plus ridicules et les plus absurdes: les philosophes sont ensuite venus les expliquer comme des faits positifs. La glace, enfermée sous terre pendant mille ans, se transforme pour eux en cristal de roche, et le plomb, premeir-né de tous les métaux, ne demande que quatre périodes, chacune de deux cents ans, pour passer successivement à l'état d'arsenic rouge, d'étain, et enfin d'argent, ce qui suppose une identité d'élémens primitifs dont le temps seul opérerait la diversité. Ils pensent aussi, quoique quelques-uns en parlent d'un ton dubitatif, qu'au printemps le rat se change en caille, et

Anatife, en latin *anatifex*, est composé *d'anas*, canard, et de *facio* je fais. « On a cru autrefois, dit M. Duméril dans son *Traité élémentaire d'histoire naturelle* (Paris, 1804, p. 191), que certains canards provenaient de la métamorphose de ces animaux. C'est une erreur grossière qui provient de ce qu'on aura observé beaucoup de canards dans les parages qu'habitent les anatifes, dont ces oiseaux sont très-friands »

que les cailles redeviennent rats à la huitième lune en octobre. Un de leurs naturalistes, moins crédule que les autres, se moqua agréablement d'un de ses confrères, pour avoir cru à la métamorphose du loriot en taupe et des grains de riz en poisson du genre cyprin. « C'est là, dit-il, un conte ridicule. Il n'y a de constaté que le changement du rat en caille, lequel est rapporté dans toutes les éphémérides, et que j'ai constamment observé moi-même; car enfin il y a une marche constante pour les transformations comme pour les naissances. »

Ces faits rapportés dans un *Discours sur l'état de la médecine et des sciences naturelles en Chine*, par M. Abel Rémusat, et dans la *Gazette de Santé* du 15 d'octobre 1828, prouvent qu'une fois engagé dans une fausse route, on en sort difficilement, et qu'il doit toujours être permis d'examiner et de discuter les opinions les plus généralement admises.

CHAPITRE III.

De la génération des entozoaires ou des animaux intestins.

L'on rencontre dans toutes les parties, même les plus intimes du corps de l'homme et des brutes, ainsi que dans les végétaux, des animalcules dont la génération n'ayant encore pu être lustrée qu'au flambeau de l'imagination, s'explique par des hypothèses qui, pour n'être pas aussi simples que les précédentes, ne satisfont pourtant pas moins la raison.

Avant d'expliquer la génération des entozoaires minimes, il semble que l'on aurait dû être au moins d'accord sur celle des vers intestinaux, qui sont les plus gros du genre, et par conséquent ceux dont la reproduction devrait offrir le moins d'obscurité. On jugera du degré de certitude où l'on est arrivé jusqu'ici à cet égard, par le passage suivant, que j'emprunte à la *Nouvelle*

Bibliothèque médicale, rédigée par M. Jolly, cahier de décembre 1825, où il est rapporté d'après les *Annales de Hecker* (*Heckers Annalen*) de novembre même année :

« L'hermaphrodisme, dans le règne animal, a été justement contesté par un grand nombre de naturalistes ; son existence a même été entièrement niée par quelques-uns. Je pense donc qu'on ne lira pas sans intérêt l'observation suivante : « En disséquant, au mois de mai 1824, un vieux faucon mâle (*falco pygargus* L.), mort depuis quelques jours, et qui commençait déjà à entrer en putréfaction, je trouvai dans son intestin grêle, entre autres entozoës, plusieurs portions de ténia et deux grands ténias à peu près complets. Les cirrhes de la plupart des articulations de ces vers étaient sortis et rangés des deux côtés, comme le sont les orifices, de sorte que chaque articulation avait deux rangées de parties génitales pour chaque sexe. Chacun de ces ténias présentait une certaine étendue d'articulations étroitement unies une à une, soit d'un bord seulement, soit des deux bords des articulations introduites dans les orifices des ovaires. Sur un autre point, les articulations avaient pris une position oblique, de sorte que les parties génitales des bords opposés se trouvaient en rapport entre elles. Sur un troisième point, on voyait, sans s'y méprendre, plusieurs articulations des *deux vers* réunies entre elles sur les deux bords. Je communiquai aussitôt ma découverte à M. le conseiller intime Rudolphi, qui reconnut comme moi que la réunion offerte par ces vers était une réunion sexuelle. D'après cela, les articulations individuelles des ténias seraient toujours androgynes, et l'animal entier pourrait se féconder soi-même comme hermaphrodite, et en féconder d'autres comme androgyne. »

Carlisle déjà (*Trans. of the lin. soc.* vol. 2, p. 255) soupçonnait que la copulation des ténias eût lieu par les articulations, et M. Rudolphi aussi (*Hist. natur. antozoor.*, vol. 1, p. 317), croyait qu'ils étaient hermaphrodites et androgynes; mais ce ne fut jusque-là qu'une présomption. La copulation est peut-être la même dans les genres voisins, Ligula, Tricenophorus et Bothriocephalus. »

« Malheureusement je n'ai pas pu découvrir, sur mes ténias, le mode de réunion qui a lieu entre leurs articulations. Suivant les recherches de quelques zootomistes, le canal excréteur du sperme s'ouvrirait dans le cirrhe et communiquerait en même temps avec un conduit de l'ovaire; il faudrait, d'après cela, que, lors de la copulation, un cirrhe entrât dans l'autre. »

« L'espèce de ténia sur laquelle j'ai fait cette observation, est nouvelle*, et diffère beaucoup du *tenia globifera* et *tenia perlata*, trouvés jusqu'ici dans les faucons. En voici une description abrégée : tête arrondie, pourvue d'une trompe courbe et mousse, vraisemblablement armée ; cou très-long ; les premières articulations courtes, comme ridées ; les autres oblongues, ridées en travers et profondément crénelées sur les bords ; les dernières articulations moins ridées et crénelées, mais très-longues. Un vaisseau nutritif simple traversait toutes les articulations ; les ovaires étaient transparens et leurs orifices placées sur deux rangées opposées. Comme les crénelures des bords des articulations n'ont pas encore été observées, autant que je sache, sur d'autres espèces de ce genre, je serais d'avis de donner à cette espèce nouvelle le nom de *tenia crenulata*. »

La réunion entre elles de plusieurs articulations de deux vers, est-elle réellement une réunion sexuelle ? C'est ce que croient Schultze et Rudolphi ; mais ce qu'ils ne prouvent pas, et ce qu'ils seraient probablement assez embarrassés de prouver, puisqu'ils *n'ont pu découvrir le mode de réunion de ces articulations, qu'ils ignorent si le canal excréteur du sperme s'ouvre dans le cirrhe, et communique au conduit de l'ovaire*, etc. C'est ce quirevient à dire qu'ils ne sont pas même certains de l'existence des organes sexuels, qu'ils multiplient au point de les donner doubles pour chaque sexe et chaque articulation. Quelle prodigalité d'organes sexuels dans un animal dont le corps, ou toutes les articulations, ne sont *traversées que par un simple canal nutritif!* Quoi qu'il en soit, en disant que *la copulation est peut-être la même dans les genres voisins*, le naturaliste allemand convient de bonne foi qu'il reste beaucoup d'observations à faire pour éclairer la reproduction des entozoaires, et c'est le point où je voulais en venir, en rapportant son observation.

Vallisneri, et après lui Bianchi, ont supposé que des œufs ou semences, tellement subtiles et ténus qu'ils échappent à la vue, étant mêlés aux alimens, circulaient avec les diverses humeurs du corps, et pénétraient ainsi dans tous les vaisseaux, et jusque dans leurs tuniques (1). Mais cela se

(1) Si quis nunc insuper consideret animalium et præsertim insectorum quorumdam adeo minuta et subtilia esse ova, vel semina, ut omnem oculorum aciem effugiant, intelliget etiam, quomodo hæc a liquoribus ad quaslibet corporis partes deferri, neque solum in vasa, sed inter vasorum tunicas insinuari possint. In hanc eamdem sententiam celeberrimi rerum naturalium scriptores inciderunt. Clarissimus Vallisnerius, in rebus naturalibus perscrutandis nemini secundus, necnon scriptor accuratissimus, hæc habet. (*Epistol. ad Lancis.*) « Neque etiam ita difficile fuerit causam invenire, quâ fiat, ut extra » intestina vermes interdum reperiantur. Ova siquidem ipsorum ita mi» nuta, ita levia et rotunda sunt; ut vel angustissima vasa subire, et » humorum unda, quoquo versus devecta, *ad omnes* corporis *partes* » penetrare, queant. » Ex quibus verbis aperte patet, quam facile minutissimum ovum fortuito cum alimentis vel potulentis deglutitum, ad eas omnes partes devehi queat, ad quas nutricantes latices perve-

concilie difficilement avec le travail de la nutrition, qui ne peut se faire qu'en détruisant la vitalité de tous les êtres qu'elle doit assimiler et incorporer à un autre, dont elle soutient la vie. Cette fonction s'opère par le sacrifice de toutes les vies à une seule; et, s'il en était autrement, la rencontre des animalcules introduits dans les corps par suite des ingestions, serait aussi fréquente qu'elle est rare. Pour admettre l'hypothèse de ces auteurs, il faudrait donc que la nutrition ne consistât que dans l'absorption et le mouvement de sucs et de liquides indigestes, tels qu'ils peuvent être contenus dans le canal des intestins, dont le travail, ne suffisant pas toujours à détruire les vitalités ingérées, prête, par des digestions imparfaites, à la formation de vers, surtout chez les personnes faibles. S'il en était de même pour les autres parties du corps, l'on devrait *a pari* trouver beaucoup plus d'animalcules dans les os et les autres tissus des personnes faibles que dans ceux des personnes robustes.

Mais la digestion n'est qu'un prélude de l'alimentation qui ne peut avoir lieu sans le travail des absorptions, des sécrétions, des excrétions et des résorptions *vitales*; et, pour être vitales, il

niunt; ibique etiam ab eo animal excludi possit. (J.-B. Bianchi, *De naturali in humano corpore, vitiosa morbosaque generatione historia*, p. 400 et suiv. 1741.)

faut qu'elles soient électives et appropriées au besoin actuel de chaque organe et de chaque tissu. Or, comment supposer une sécrétion de parties hétérogènes, et leur apposition à des tissus sans affinité pour elles, au moyen de l'action ou de la fonction vitale d'un organe quelconque? C'est ce qui ne peut se concevoir ; car, si la sécrétion existe, elle ne peut être qu'élective, ou elle n'est plus sécrétion, car ce mot emporte nécessairement l'idée de la séparation de ce qui convient d'avec ce qui ne convient pas à l'économie actuelle.

On suppose donc l'absence d'une force vitale dont on est forcé de reconnaître la présence pour tous les cas où des animalcules se sont rencontrés, non dans des abcès ou dépôts, mais dans des parties et des tissus intègres. Comment accorder aussi le séjour prolongé d'œufs et d'animalcules, avec les excrétions et les résorptions qui débarrassent continuellement toutes les parties organiques de ce qui leur devient hétérogène et étranger, comme le prouvent l'accroissement, le changement et le dépérissement des êtres vivans? C'est donc faire abnégation des connaissances acquises sur l'économie animale, et paralyser gratuitement l'action assimilatrice des organes de la vie, que de faire arriver des semences et des œufs intacts aux tissus animaux les plus internes, puis de les affranchir de la résorption, malgré leur hétérogénéité. Je trouverais moins absurde de supposer la génération spontanée de ces animalcules dans les endroits où le passage du dehors au dedans paraît impossible, parce qu'alors leur non-résorption s'expliquerait par le défaut de calibre des vaisseaux résorbans, comparé à leur volume, ou par la crispation de ces vaisseaux, occasionnée par leur présence; ce qui n'est plus admissible quand on les a supposés susceptibles d'absorption, les principes qui peuvent être absorbés devant pouvoir être résorbés. Au reste, l'opinion que je réfute, n'a pour appui que l'imagination de ses auteurs qui, de la connaissance d'une génération par œufs et semences, ont conclu qu'il n'y en avait point d'autres; en effet puisque les œufs et semences qu'ils mettent en circulation avec les sucs nourriciers du corps, sont imperceptibles, ils n'ont pu s'assurer de leur existence. C'est ainsi que les anciens connaissant la métamorphose des chenilles en papillons, avaient été portés à croire que les anatifes se changeaient en canards, la vase en grenouilles, etc., et ne supposaient point en cela des élémens imperceptibles.

Maintenant pour sortir d'embarras, faut-il nier l'existence des animalcules observés dans les parties du corps les plus intimes? Mais tout le monde a pu voir et connaître les hydatides, et tant d'anatomistes instruits et de bons observateurs affirment avoir trouvé des vers, des insectes et leurs larves, dans les vaisseaux spermatiques, le foie, le cerveau, les os même et d'autres parties, qu'on ne pourrait les suspecter d'erreurs et d'illusions, sans être accusé de ne croire que ce que l'on a vu soi-même. Il faut donc admettre l'existence de ces petits animaux, mais n'en expliquer la génération, que quand on pourra l'étayer sur des preuves positives, à l'exemple de Ruysch, scrutateur modeste et circonspect, qui, pressé par son ami Boerhaave d'examiner la structure interne des os, et étonné d'y avoir découvert des chrysalides, en rend compte sans hasarder aucune explication sur leur origine. Voici la traduction d'un passage assez curieux de ses *Observations sur les vers et autres animaux étrangers, ou leurs débris cachés dans les hommes et les brutes*, qu'on peut lire en original dans ses *Variétés anatomiques*. (*Advers. anat.*, déc. III). « J'ai vu, en effet, les restes ou les dépouilles véritables de ce qu'on appelle chrysalides ou nymphes. Oui, j'ai trouvé les petits tests, si je puis parler ainsi, qui avaient servi d'enveloppes à des animaux pourvus de vie auparavant. Un excellent aide, à l'adresse duquel j'avais recours pour scier les os en long, m'y fit voir des peaux si petites qu'elles auraient facilement échappé à ma vue, si d'ailleurs je n'avais eu quelques notions de l'histoire des insectes Excité par cette découverte, je devins plus curieux de scruter l'intérieur des os, et bientôt je trouvai dans la cavité d'un femur et dans celle d'un humérus, les mêmes animaux que j'offre de montrer à tout curieux, dans les pièces que je conserve chez moi. En continuant, je les aperçus (les animalcules) non-seulement dans les os des adultes, mais aussi dans l'os d'un tendre enfant; en sorte que je puis déjà les faire voir dans huit os différens. Ce qui mérite aussi d'être mentionné, c'est que ces chrysalides n'étaient pas d'une seule, mais de trois espèces diverses, comme je les ai fait représenter dans un dessin. Sans être frais, ces os étaient cependant intègres en tout point, en sorte qu'il ne s'y trouvait absolument rien qui indiquât la moindre corruption ou pourriture, comme on peut le voir chez moi dans mon nouveau cabinet. Si l'on me demande comment de pareils animaux peuvent pénétrer dans ces cavités, je demanderai à mon tour par quelle voie un peloton entier de vers oblongs, entrelacés les uns dans les autres, a pénétré dans la grande artère placée sous le cœur, comme je l'ai vu et décrit? D'où est provenue une rangée de dents trouvées dans l'ovaire d'une femme? D'où sont venus des lombrics larges, longs de trente aunes, dans le corps humain? D'où s'est formé la cuisse d'un enfant dans l'adhérence d'un placenta? D'ou sont venues de grosses et drues chenilles dans le cerveau d'une brebis? D'où s'est formé un animal à quatre pates, renfermé dans une poche rendue par le vomissement? Toutes ces choses je les ai cependant vues dans ces lieux telles que je les indique, et elles sont conservées, en partie dans ma nouvelle collection, et en partie dans le cabinet de l'empereur de Russie. A peine paraissent-elles croyables. Mais vous avez lu ce que j'ai d'ailleurs écrit auparavant. Un excellent homme qui implorait mon secours, me montra, à mon arrivée, plusieurs petites chrysalides qu'il rendait journellement avec ses urines, et m'en donna même quelques-unes dans une boîte de bois, pour les examiner. Quand j'ouvris la boîte, le lendemain, il y voltigeait plusieurs animalcules exigus, qui sont dépeints dans mon premier cabinet d'anatomie. Quiconque réfléchira à tous ces phénomènes, avouera avec moi, je pense, que toute la science que nous possédons jusqu'ici, sur les objets de la nature, ne peut aucunement nous rendre raison de la manière dont se font tant de merveilles, que nous voyons néanmoins se faire. J'ai souvent ouï des hommes se plaindre très-sérieusement de douleurs insupportables dans les os des cuisses, des jambes, des bras, des avant-bras, sans que la pression, les coups, la traction des parties affectées, en augmentât la violence. D'après les restes de pareils animalcules que nous avons trouvés au milieu des cavités osseuses, il serait peut-être permis de croire que ces tourmens sont produits par la présence de petits insectes qui pincent, rongent ou perforent la membrane très-fine qui enveloppe la moelle qui s'y trouve. Il est vrai qu'on n'a point occasion, après leur mort, d'examiner l'intérieur de leurs os; mais on sait avec certitude que les douleurs de cette nature se guérissent par l'usage du mercure, antidote de toutes les espèces de vers, et j'affirme avec franchise que par le secours du vif-argent j'en ai guéri beaucoup qui, pendant plusieurs années, avaient éprouvé des douleurs ostéocopes atroces, sans qu'ils aient donné aucun soupçon, ni aucun signe d'affection vénérienne. Peut-être ces animalcules ont-ils péri, ce qui n'est pas trop invraisemblable. Mais une chose très-certaine, c'est l'existence cachée de ces chrysalides dans le tissu caverneux des os, et ce qui est également très-vrai, c'est que ces os, intacts en tout point, ne sont ni rongés, ni perforés, ni cariés, ni brisés; qu'on n'y aperçoit ni ouverture, ni la moindre fente contre nature. Enfin j'ai trouvé dans l'humérus d'un enfant d'un an, les mêmes animalcules. Si quelqu'un doute de la vérité du fait et des autres circonstances mentionnées, je l'invite à venir chez moi, oui, je lui dis, venez, voyez, etc. »

Quelque merveilleux que paraissent ces faits, on ne peut suspecter la bonne foi d'un auteur tel que Ruysch, qui les rapporte simplement, sans les interpréter en faveur d'aucun système, ni d'aucun intérêt. Imitant son exemple, je n'essaierai pas d'expliquer la génération de pareils animalcules, avant de pouvoir le faire avec des preuves convaincantes. Il résulte de ce qui précède, que l'on ne connaît point encore le mode de production des animaux les plus petits et les plus imparfaits; que c'est tantôt en présumant des œufs et des semences imperceptibles, tantôt en admettant des sexes sur des apparences douteuses, ou en alléguant des expériences trompeuses, que l'on a adopté pour tous les êtres vivans la génération univoque, à l'exclusion de la génération équivoque. Les cryptogames dans les végétaux, les mites qui se forment au centre du fromage pourri, les animalcules qui s'engendrent dans les gros animaux, sans manifestation ni de sexe, ni d'œufs ou semences, ni même de passage pour s'insinuer dans les cavités où ils se trouvent, sont des motifs plus que suffisans pour légitimer le doute philosophique sur leur origine.

Les ovaristes exclusifs, en alléguant qu'il ne se manifeste point de vers dans les chairs en putréfaction dans des bocaux hermétiquement fermés, qui les garantissent de tout accès aux œufs des mouches, ne prouvent rien par cette expérience, qui est d'ailleurs à recommencer sur des substances plus variées, sinon que les mouches carnassières se reproduisent par des œufs en communication avec l'air atmosphérique; mais cela n'infirme aucunement la valeur des faits qui constatent la production d'autres animalcules dans des réduits imperméables aux œufs, aux semences et à l'air atmosphérique. L'argument que l'on tire de l'analogie de la reproduction d'un grand nombre d'animaux, par des œufs, n'est pas plus concluant que celui que l'on tirerait de l'existence d'un cerveau dans les animaux les plus parfaits, pour arguer l'existence du même organe dans les plus imparfaits où il n'existe pas.

D'ailleurs, comme nous ne voyons pas que la nature fasse des sauts brusques, l'on peut croire qu'elle ne passe pas toute imprégnée d'œufs du règne minéral où il n'y en a point, aux deux autres règnes où l'on n'en découvre pas non plus sur leurs limites de séparation. En résumé, il vaut mieux s'arrêter avec la science que d'en ralentir les progrès par des hypothèses où elle s'accroche, ou de s'exposer à la faire rétrograder par des erreurs qui la fourvoient. Nous aurons plus tard occasion de parler de l'opinion du savant anglais Baillie, sur les générations imparfaites qui se rencontrent dans le corps des animaux, et alors nous rapporterons aussi l'histoire du développement d'un fœtus dans le corps d'un jeune garçon de quatorze ans, sans que l'on puisse rendre raison de ce phénomène par le système des œufs.

J'avais écrit ce qui précède depuis long-temps, car j'avais été à Paris au printemps de 1828, pour faire imprimer cet ouvrage, lorsque je lus, dans la *Gazette de Santé* du 25 de novembre de cette même année, le passage suivant qui, pour ne pas emporter conviction sans recherches ultérieures, montre cependant qu'il reste beaucoup de choses à approfondir et à vérifier sur les principes vivifians des êtres :

« Il y a quelque temps qu'un de nos jeunes savans, M. Edward, essaya de démontrer que toutes les parties du système animal, la bile, le sang, la chair et les os ne sont que des agglomérations de petits animalcules, ayant chacun la huit millième partie d'un pouce de diamètre, possédant une vie distincte et la faculté du mouvement volontaire, faculté qu'ils exercent avec la plus grande vivacité, toutes les fois qu'ils peuvent se dégager de l'agrégation dont ils sont partie constituante. Quelque étranges, quelque mystérieuses que paraissent ces conclusions, elles sont encore surpassées par les découvertes de M. Brown, célèbre botaniste anglais, qui semble prouver que les corps inorganiques eux-mêmes ne sont que des agrégations d'atomes vivans, et qu'en un mot, la matière est vivante. Le dernier numéro de l'*Edinburgh philosophical journal* contient l'énoncé des expériences curieuses de ce savant. Il les a faites d'abord sur le pollen de quelques espèces de végétaux, les uns vivans, les autres desséchés depuis vingt ans, même depuis plus d'un siècle; ensuite sur les pétales, et enfin sur toutes les parties de la plante, qui, broyées, fournirent toujours un certain nombre de molécules mouvantes. M. Brown conclut de là que ces molécules actives n'avaient aucun rapport particulier avec la germination du végétal, mais étaient réellement les parties constituantes et élémentaires des corps organiques. Il obtint en effet les mêmes résultats en examinant les différens tissus d'animaux et de végétaux. Lorsque ces molécules étaient plongées dans l'eau et examinées au microscope, on les voyait tantôt tourner sur leur axe, tantôt se replier sur elles-mêmes, tantôt changer leur position en se mouvant çà et là. Ces mouvemens, dit-il, suffirent pour me prouver, après de fréquentes observations, qu'ils ne provenaient ni de courans dans le fluide,

4

ni de son évaporation graduelle, mais qu'ils appartenaient à la particule elle-même. »

» Des animaux et végétaux aux végétaux minéralisés, la transition était naturelle. On essaya d'abord un morceau de bois fossile, qui pouvait encore se brûler à la flamme, et ensuite un morceau complètement silicifié. Tous les deux rendirent des molécules actives; le dernier paraissait en être entièrement composé; on en obtint aussi de la gomme, du charbon de terre, de la suie ordinaire. La poussière qui s'amasse dans les maisons, celle des rues de Londres, sont presqu'entièrement composées de ces molécules. Enfin les rocs solides, les métaux et toutes les substances inorganiques ont donné lieu aux mêmes résultats, sinon que, dans quelques végétaux et dans quelques minéraux de structure filamenteuse, tels que l'amiante, les trémolithes, les zoolithes, etc., outre les molécules sphériques, on en observa d'autres du même diamètre, mais d'une forme alongée, avec des contractions transversales, que l'on supposa être les combinaisons premières des simples molécules, formées en se joignant l'une à la suite de l'autre, comme les grains d'un chapelet. Ces fibrilles, lorsqu'elles avaient la longueur de deux ou trois simples molécules, se mouvaient avec autant de vivacité que ces dernières; et lorsqu'elles égalaient la longueur de quatre ou cinq, elles s'agitaient encore, mais avec moins de vitesse. La molécule que M. Brown regarde comme élémentaire, quelle que soit la substance dont on l'ait obtenue, est, selon lui, de forme sphérique et d'une grosseur presqu'uniforme. Son diamètre, évalué, en le plaçant sur le micromètre, divisé en cinq millièmes de pouce, paraissait varier de la quinze millième à la quarante millième partie d'un pouce. » Les seules substances dont il n'a pu obtenir ces molécules, sont l'huile, la résine, la cire, le soufre, les corps solubles dans l'eau, et ceux des métaux qu'il ne pouvait pas pulvériser avec la ténuité nécessaire pour leur séparation. »

Tels sont les résultats des expériences de M. Brown. Ils trouveront sans doute des incrédules; pour nous, qui ne sommes pas habitué à rejeter les choses même merveilleuses, quand elles présentent un caractère de véracité assez démontrée, et par leur possibilité philosophique, et par le nom des personnes qui les annoncent, nous attendrons que les expériences de ce savant aient été répétées un assez grand nombre de fois, pour nous arrêter à une croyance définitive à l'égard de la conclusion qu'on doit en tirer. G. D.

CHAPITRE IV.

De la conservation des espèces, des races et des ressemblances par les phanérogames ou les vivifications sexuelles manifestes.

Pour les vivifications manifestes, la nature est peu changeante, en ce sens qu'elle opère par un mode peu différent dans les deux règnes organiques, car sous le rapport de ses productions, elle varie à l'infini. Nous avons vu qu'elle régénère les plantes et les animaux d'une manière analogue par les deux sexes; que les œufs et les graines se ressemblent en plusieurs points, de même que le sperme et le pollen, qui ont tant de rapports entr'eux, que le dernier a, non-seulement des capsules en forme de vésicules séminales, mais qu'il répand même une odeur de sperme dans le chataignier, le berberis, le citisier, etc. Mais si la génération s'opère d'une manière analogue par les deux sexes, elle n'est cependant pas l'apanage de tous les êtres organisés, et une analogie que l'on remarque encore entre les deux règnes, c'est qu'il s'y rencontre des eunuques naturels, c'est-à-dire, des individus impropres à la reproduction, tels que les ouvrières parmi les abeilles, les fourmis et autres; tels aussi, pour les plantes, que les fleurs doubles dans les roses, les tulipes, les œillets, les cerisiers, etc. Il y a aussi dans les deux règnes des espèces bâtardes ou hybrides, auxquelles la faculté de se reproduire n'est pas toujours accordée. Examinons maintenant comment s'opère la reproduction des êtres organisés au moyen des sexes, pour la conservation des espèces et des races, de même que pour leurs variétés et les ressemblances de nation, de famille et d'individus, tant au physique qu'au moral.

« J'assure, dit Hippocrate, que la semence (γονη) est un produit de tout le corps, des parties solides et des parties molles, ainsi que de l'humide universel des diverses parties corporelles; ce qui le prouve, c'est la faiblesse qui résulte de la plus légère émission dans l'acte vénérien. La femme fournit aussi une semence de son propre corps (1). » Quoique la preuve alléguée par Hip-

(1) Genituram ex toto corpore, et ex solidis et ex mollibus partibus, et ex universo totius corporis humido secerni assevero; cujus rei istud est argumentum, quod ubi rem veneream exercemus, tantillo

pocrate ne soit pas très-convaincante, vu que la faiblesse dont il parle, résulte aussi de tous les efforts spasmodiques, vénériens et autres, dans la proportion de leur intensité, laquelle est moindre sans émission, l'on peut concevoir que les humeurs ou les sucs nourriciers du corps sont assimilés ou assimilables à toutes ses parties, et modifiés par les organes génitaux, de manière à donner des tissus et des formes homogènes, semblables à ceux des individus dont ils ont éprouvé l'action vitale, et, comme le pensent la plupart des naturalistes, que le germe contient déjà en miniature, ou au moins *in potentia*, les parties essentielles de l'être qui doit en éclore. Le sang où se trouvent les élémens de toutes les humeurs, arrivant dans le cordon ombilical avec l'assimilation ou l'homogénéité convenable pour reproduire et figurer tous les organes de la mère, éprouve en passant dans l'embryon (1) une nouvelle modification, parce

emisso, imbecilles evadimus. Semen vero e corpore etiam mittit mulier. Hippocrat., *De Genitura*, p. 232, *ex interpretatione Fæsii.* Francofurti, 1624. Toutes les citations que je ferai seront de la même édition.

(1) *Embryon* désigne le produit de la génération, ou le petit d'un animal quelconque, avant que les formes en soient bien distinctement dessinées. Ce mot est formé de deux mots grecs, εν, dedans, et βρυω, je pousse, je crois. Hippocrate, et les anciens médecins qui l'ont suivi, désignent par le mot γονη, en latin *genitura*, les élémens encore informes de la génération. L'embryon prend le nom de *fœtus*, du latin *fovere*, *fotus*, fomenter, fomenté, lorsque les diverses parties du corps

que les particules qui en sont extraites, toujours proportionnées au volume et à la force du fruit, obéissent à l'action vitale des premiers linéamens, qui ont une forme empruntée, non-seulement de la mère, mais aussi du père, puisqu'ils n'ont pu exister sans la participation de l'un et de l'autre. C'est ainsi que doivent s'expliquer les ressemblances qui ne représentent exactement ni l'un ni l'autre des parens, mais quelque chose de chacun, parce que les humeurs prolifiques, fournies par la mère, ont reçu de ses organes une élaboration propre à les faire servir à la reproduction de parties semblables aux siennes, et que celles fournies par le père ont également été modifiées pour une destination analogue.

Hippocrate enseigne que l'enfant ressemble le plus à celui des deux parens qui a eu le plus de part à l'acte de sa production, et, dans la supposition d'une part égale de chacun d'eux, il attribue le sexe masculin à la vigueur des deux semences, et le sexe féminin à leur faiblesse; car, dans son opinion et celle des anciens, au lieu de fournir des œufs à la génération, les femmes y fournissaient un principe analogue à celui des hommes, et elles pouvaient aussi, par l'abondance ou la

ont pris une forme distincte et bien prononcée. Après sa naissance, le fœtus humain s'appelle *enfant*, du latin *infans*, qui ne parle pas.

force de leur tribut, déterminer la masculinité du fœtus ; c'est ce qui est exprimé dans les passages suivans du livre *De Genitura*. « Quand la femme doit concevoir, la semence, au lieu de sortir, reste dans l'utérus qui, alors, se ferme pour la retenir, par le resserrement de son orifice que provoque ce liquide, et en même temps il se fait un mélange de ce qui procède du père et de la mère. Il y a dans l'homme une semence féminine et masculine, de même que dans la femme (1). Si le produit séminal de chacun est vigoureux, il en résulte un garçon; s'il est faible, une fille.... L'on est en droit de conjecturer qu'il y a une semence femelle et une semence mâle, tant dans l'homme que dans la femme, d'après des résultats manifestes; car la plupart des femmes qui ont d'abord donné des filles à leurs maris,

(1) Ceci, pris dans le sens littéral, est contestable; car un être ne peut reproduire que des parties similaires aux siennes, et l'on sait que les boutons des plantes dioïques ne reproduisent que le sexe dont on les a détachées. J'aimerais autant qu'on dise qu'un âne peut engendrer un cheval, et un cheval un âne, parce qu'il résulte de leur accouplement un animal qui a plus ou moins de l'un ou de l'autre. Si un mari a des filles avec une femme, et des garçons avec une autre, cela ne prouve rien autre chose, sinon que le sexe de l'un n'empêche pas que celui de l'autre ne se développe par une prédominance relative des principes de la génération : *Nemo dat quod non habet*. Pour affirmer qu'il y a une semence mâle et une semence femelle dans l'homme comme dans la femme, il faudrait que l'un pût engendrer sans l'autre, et engendrer seul les deux sexes. Or, comme cela n'est pas, il en résulte

engendrent des fils avec d'autres; et les mêmes hommes dont les femmes ont engendré des filles, produisent des garçons avec d'autres femmes, et s'ils ont eu un enfant mâle, ils obtiennent des filles avec d'autres femmes. Il en est de même dans les brutes, tant pour la semence que pour la génération des mâles et des femelles. Si c'est le mari qui fournit le plus pour la génération, l'enfant lui ressemblera davantage, et si c'est la femme, il aura avec elle une ressemblance plus marquée. — Mais il arrive parfois qu'une fille ressemble plus au père, et un garçon plus à la mère; ce qui, avec tant d'autres preuves, vient à l'appui de l'opinion précédemment exprimée, qu'il y a, tant dans l'homme que dans la femme, une faculté de produire les deux sexes (1). » Dans le livre *De*

qu'Hippocrate s'est trompé, ou a compris qu'il y a aptitude chez l'homme et chez la femme à fournir des élémens qui peuvent concourir à la formation de l'un et de l'autre sexe, comme il l'explique par le privilége qu'il accorde ailleurs à la prédominance relative pour les ressemblances.

(1) Quod si conceptura sit, semen minime foras profluit, sed in ipso utero manet. Eo namque accepto, uterus clauditur et retinet, ejus nimirum osculo ob humiditatem contracto, simulque miscetur tum quod a viro, tum quod a muliere procedit. — Et in viro tum muliebre, tum masculum semen inest, eodemque modo in muliere se habet. — Si quod ab utroque semen prodit, robustius fuerit, mas generatur, si debile, fœmina. — Quod autem tam in muliere quam in viro, tum fœmineum, tum masculum semen insit, ex his quæ manifeste contingunt, conjicere licet. Pleræque enim mulieres suis viris fœminas jam peperere, quæ cum aliis congressæ ex iis filios susceperunt. Et illi viri ipsi quibus

Victus ratione, Hippocrate dit que, « pour engendrer une fille, il faut user d'un régime froid et aqueux, qui est celui dont les femmes profitent, et que, pour engendrer un garçon, il faut un régime sec et chaud dont s'accommodent les hommes (1). »

Si le régime froid et aqueux est favorable à la femme, et le régime contraire, c'est-à-dire, chaud et sec, à l'homme, ce précepte peut être regardé comme vrai, parce qu'il résultera du premier régime que la femme sera mieux portante et moins affaiblie que l'homme, et du second régime que l'homme aura sur la femme la prédominance de

mulieres fœminas peperere, cum aliis mulieribus congressi masculam prolem genuerunt, et quibus masculus fœtus suscipiebatur, cum aliis mulieribus congressi fœminas genuerunt. — Eadem vero in brutis tum fœminam tum marem procreandi seminisque est ratio. — Cumque plus ex viri quam ex mulieris corpore ad genituram accesserit, fœtus ille patri magis erit similis ; cum vero plus ex mulieris prodierit, matrem magis referet. — Ut interdum contingit, ut nata filia majore ex parte patrem melius quam matrem referat, et editus filius non nunquam matris magis quam patris similis existit ; atque hæc mihi tamque multa sunt superioris sententiæ argumenta, quod tum in muliere, tum in viro, et masculæ et feminæ prolis generandæ facultas inest. Hippocrat., *De Genitura*, p. 233 et suiv.

(1) Fœminæ vero ab aqua magis, et ex frigidis, humidis ac mollibus, tum cibis, tum potibus, et vitæ institutis incrementum accipiunt ; at mares ab igne magis, ex siccis scilicet et calidis cibis reliquaque vitæ ratione. Si igitur fœminam procreare est animo, victus ratione ad aquam tendente est utendum ; si vero marem, victus ratio quæ ad ignem spectet, instituenda est. Hipp., *De Victus ratione*, l. 1, sect. IV, p. 347.

force, et qu'ainsi la plus forte part à l'acte de la génération appartiendra à la femme dans le premier cas, et à l'homme dans le second. Mais le précepte d'Hippocrate ne soutiendrait pas l'épreuve de l'expérience, si l'on en déduisait que la production du sexe féminin résulte d'un affaiblissement à peu près égal de l'un et de l'autre parent.

D'après la conformité de doctrine qui règne dans tous les passages que je viens de citer, l'on est surpris de trouver ce qui suit dans le livre *De Superfœtatione*. « Si l'on veut engendrer un mâle, il faut voir la femme à la cessation des règles, en portant très-profondément le sperme; et, si l'on veut engendrer une fille, lorsque les menstrues ont déjà beaucoup flué sans avoir cessé, en liant, autant que cela est supportable, le testicule droit, et le gauche si l'on désire la procréation d'un mâle (1). » On trouve aussi dans le sixième livre, septième section *Des Maladies vulgaires*, ce passage: « C'est parce que les mâles sont conçus dans la partie la plus chaude et la plus solide de la matrice, qui est la droite, qu'ils sont noirs et beaucoup plus bilieux, avec des veines plus saillantes au de-

(1) Cum marem procreare volet, mensibus desinentibus aut cessantibus, uxorem adeat, et quam penitissime intrudat, dum semen excernit. At ubi fœminam generare volet, cum plurimi menses mulieri fluxerint necdum cessarint. Dexter autem testis, quoad maxime ferri potest, obligandus, sinister vero, si maris procreatio expetitur. Hipp., *De Superfœtatione*, sect. III, p. 265.

hors (1). » Ces deux derniers passages n'étant pas en harmonie avec les précédens, donnent lieu de croire qu'ils ont été interpolés avec d'autant plus de vraisemblance, que les bons critiques ont toujours regardé le livre sur *la Superfétation* comme supposé et indigne du père de la médecine. Si l'on n'admet pas que ces deux derniers passages aient été prêtés à Hippocrate par des copistes infidèles qui, sous prétexte de rectifier ou de compléter sa doctrine, l'auront défigurée, en y mêlant leurs idées, il faut les regarder comme des corollaires des autres, et les interpréter dans le même sens ; ce qui me paraît d'autant plus raisonnable, que Galien, le meilleur et le plus savant interprète d'Hippocrate, dont il partage presque toujours les opinions, en donne lui-même l'idée en s'exprimant de la manière suivante : « De même que le sang pur est plus chaud que le sang excrémentiel, les parties droites qui en sont nourries sont aussi plus chaudes que les gauches, même lorsque celles-ci, par leur nature, l'auraient été davantage dans le principe. Il nous a souvent été démontré qu'Hippocrate a eu raison de dire, que les parties placées dans la même direction, ont

(1) Quoniam in calidiore solidioreque, dextra scilicet uteri parte, mares concipiuntur, ideoque nigri sunt et venæ extra proeminent, longeque biliosiores existunt. (Hipp., *De Morbis vulgar.*, l. VI, sect. VII, p. 1170.)

nécessairement entre elles une communication plus grande et plus avantageuse ; il ne faut donc plus s'étonner que la partie droite de la matrice et le testicule droit, étant non-seulement différemment nourris que les même parties du côté gauche, mais étant aussi placés dans la direction du foie, soient beaucoup plus chauds que ces dernières. Or, si cela est démontré, et que l'on accorde d'ailleurs que le mâle est plus chaud que la femelle, il est probable aussi que les mâles s'engendrent à droite, et les femelles à gauche ; à quoi se rapporte ce qui a été dit par Hippocrate (1). » Pour prévenir la fausse interprétation que l'on pourrait faire de cette doctrine, Galien explique ensuite qu'il peut y avoir des individus où, par exception, le testicule gauche sera le plus fort, comme il y en a dont l'œil droit est le plus faible ; d'où l'on peut conclure que

(1) Quemadmodum enim sanguis purus excrementoso est calidior, ita et partes dextræ, quæ ex ipso nutriuntur, sinistris fiunt calidiores, tametsi natura principio superabant. Demonstratum enim nobis sæpius est, id quoque ab Hippocrate recte fuisse dictum, quod partes quæ secundum rectitudinem sunt sitæ, necessario plus sese communicant ac fruuntur : non igitur amplius miraberis, si matricum dextra, ac testiculorum dexter, non solum quod secus ac sinistra nutriuntur, sed quod etiam secundum hepatis rectitudinem sunt locata, sinistris admodum sunt calidiora. Atqui si hoc est demonstratum, ac præterea conceditur masculum fœmina esse calidiorem, probabile etiam est partes dextras masculorum, sinistras fœminarum esse generatrices. Eodem certe pertinent et quæ ab Hippocrate sunt dicta. (Galen. *De Usu part. corp. hum.*, l. 14, p. 646, t. 1. *Lugd.*, 1550.)

Galien et Hippocrate savaient que tous les mâles n'étaient pas un produit des organes génitaux droits, ni toutes les femelles un produit de ceux du côté gauche. Ce qui le prouve encore, c'est l'aphorisme 48 de la section v, où le père de la médecine dit que « les enfans mâles sont plutôt à droite, et les femelles à gauche (1). S'il restait quelque doute sur ce point, il serait entièrement dissipé par le passage suivant, où Hippocrate explique, conformément à sa première et plus saine doctrine, comment il se fait que les jumeaux ne soient pas toujours du même sexe : « Voici comment je pense qu'il arrive que, dans les jumeaux, l'un est mâle et l'autre femelle. Dans la femme et dans l'homme, de même que dans chaque individu d'une espèce quelconque d'animaux, la semence est tantôt moins et tantôt plus puissante, et l'éjaculation ne s'en fait pas du premier coup, mais aussi du second et du troisième, et il s'ensuit que dans le premier et le dernier elle n'est pas de la même force. Or, quel que soit le côté où arrivera la géniture la plus consistante et la plus énergique, il s'y engendrera un mâle, et quel que soit celui où se portera la plus humide et la plus faible, il y aura une femelle. Mais s'il y a de l'un et de l'autre côté une géniture forte,

(1) Fœtus, mares quidem in dextris, fœminæ vero in sinistris *magis* (μαλλων). *Aph.*, 48, sect. VII, l. V.

il naîtra deux mâles ; s'il y en a une faible, deux femelles. » Je ne sais ce que l'on pourrait opposer à ce passage, qui est clair et positif, pour prétendre que le père de la médecine donnait aux organes génitaux du côté droit la faculté exclusive de procréer les mâles, et à ceux du côté gauche, celle de procréer les femelles (1). S'il ne se trouvait toujours des esprits faux et inconséquens qui, en interprétant les auteurs, leur font dire, dans un sens absolu, ce qu'ils n'ont dit qu'hypothétiquement ou dans un sens relatif, l'on se serait facilement aperçu que l'idée d'une différence de force et de chaleur entre les organes de droite et ceux de gauche, ne pouvait être venue que de la manière dont on concevait anciennement la nutrition des parties corporelles par le sang qu'on faisait distribuer directement par le foie aux organes subjacens, ne connaissant pas alors la circulation dont Guillaume Harvey ne publia la découverte

(1) Quod autem ex gemellis unus mas sit, alter fœmina, id ideo contingere assevero. In muliere et in viro, et in quovis animalium genere, in uno quoque tum imbecillior, tum valentior, genitura inest, neque unico impetu genitura prodit, sed et secunda et tertia jactatione emittitur, neque fieri potest ut quæ prius et quæ posterius exit, ejusdem sint roboris. Quemcumque ergo sinum crassior validiorque genitura subierit, in eo mas procreatur; quemcumque vero humidior ac imbecillior, in eo fœmella generatur. Atsi in utrumque valida subeat, ambo mares nascuntur, sin debilis in utrumque, fœmellæ. (Hipp., *De Natura pueri*, sect. III.)

qu'en 1628, après l'avoir déjà fait connaître verbalement.

Quoique l'importante découverte du médecin anglais, ait établi que la nutrition des organes génitaux par le sang, se fait à l'inverse de ce qu'en pensaient les anciens, c'est-à-dire qu'au lieu de venir directement du foie qui est plus à droite, le sang pur et régénéré vient du cœur qui est à gauche, il s'est encore trouvé dans les temps modernes des médecins qui ont voulu maintenir des corollaires, que le père de la médecine et son meilleur interprète n'ont, par les principes généraux qu'ils ont établis et par les explications qu'ils en ont données, laissé à personne l'honneur de réfuter, puisqu'ils les avaient déduits et les faisaient dépendre d'un mode de circulation hypothétique que personne n'admet plus. C'est ainsi que Millot, accoucheur des princesses de France, membre des collége et école de chirurgie de Paris, de plusieurs sociétés savantes, etc., a, par une inconséquence assez ordinaire à ceux qui dévorent plus de science qu'ils n'en peuvent digérer, voulu maintenir les priviléges des parties sexuelles droites sur les gauches, dont il devait savoir pourtant que les titres avaient été détruits par Harvey, et a publié, en 1806, un ouvrage intitulé : *L'art de procréer les sexes à volonté*, où il conseille sérieusement de s'appuyer sur le côté droit, pendant le coït, pour avoir des garçons, et sur le côté gauche pour avoir des filles; erreur dont un grand nombre de faits et d'expériences ont fait une justice complète, en constatant que des hommes privés d'un testicule et des femmes privées d'un ovaire ou d'une trompe, ont procréé des enfans des deux sexes, et que les brutes ont également engendré les deux sexes tant d'un côté que de l'autre.

En résumant la doctrine d'Hippocrate sur les ressemblances, nous voyons qu'il en déduit la cause générale des élémens de première composition, fournis par les deux parens, dont il suppose le mélange, pour expliquer la fusion de leurs qualités physiques et morales dans l'être qui en doit provenir; qu'il proportionne la ressemblance de l'enfant à la mesure du tribut de chacun d'eux pour sa formation, et qu'il fait résulter le sexe masculin d'une plus grande force ou d'une plus grande abondance de matière première, sans accorder explicitement plus d'influence à un sexe qu'à l'autre. Cependant en conciliant ensemble toutes les explications qu'il donne, et elles devaient se concilier dans son esprit, il en résulte des probabilités pour que le sexe soit masculin, quand le mari contribue le plus à la génération, et féminin dans le cas contraire, d'après l'axiome qu'il ressemble le plus à celui qui apporte le plus à sa production; ce qui n'implique aucune contradiction avec l'admission de la faculté d'engendrer les deux sexes, qu'il accorde à chacun des deux parens, puisque cette faculté reste sous l'influence d'un tribut plus ou moins fort de part et d'autre. Quant à la spécificité attribuée aux organes génitaux de droite pour produire le sexe masculin, et à ceux de gauche pour produire le sexe féminin, j'ai fait voir qu'elle ne pouvait être regardée, si on l'admet comme doctrine d'Hippocrate, que comme un corollaire des principes antérieurement établis; or, les corollaires et les conséquences que l'illusion fait découler d'un principe, n'ayant de valeur, quels qu'ils soient, que par leur justesse, tombent dès que leur fausseté est démontrée, sans que le principe d'où on les a déduits en soit altéré. D'où je conclus, en conformité de ce qu'a dit Hippocrate, que le mâle doit déterminer jusqu'à un certain point la formation de son sexe dans l'individu à naître, toutes les fois que son produit génératif prédomine par son énergie celui de la femelle, *et vice versa*; ce que les faits rendent très-vraisemblable, car il est d'observation que les vieillards et les hommes faibles, ainsi que ceux dont le développement viril n'est pas achevé, engendrent plus de filles que de garçons, quand leurs femmes sont plus fortes et plus développées qu'eux, et que dans les circonstances contraires, le contraire a lieu. Cependant, comme il arrive quelquefois qu'un garçon ressemble plus à sa mère, et une fille plus à son père dans leurs traits extérieurs et dans leurs mœurs, il faut aussi admettre que la force des principes génitaux plus parfaitement élaborés peut vaincre leur abondance dans une élaboration moins parfaite; autrement il en résulterait que chaque époux est apte à produire le sexe contraire au sien par la seule force de son tribut dans l'acte de la génération, opinion que semble autoriser le sens littéral de quelques passages d'Hippocrate, qui, en faisant mention de ce phénomène, se contente de le faire servir de preuve à la faculté qu'a chaque époux de produire l'un et l'autre sexe, sans nouvelle explication. Ce qui prouve encore que chaque sexe n'est point apte à produire le sexe contraire au sien, c'est que dans le puceron, la daphnie-puce, etc., où les sexes sont séparés et où un seul accouplement suffit pour plusieurs générations, il ne naît dans les dernières que des femelles qui ont besoin de l'approche du mâle pour produire des mâles : or, si les femelles sont aptes à produire des mâles, pourquoi en produisent-elles dans les générations qui suivent l'accouplement, et point dans celles qui s'en éloignent.

Si l'observation met hors de doute que le fils ressemble parfois plus à son père, et la fille plus à sa mère, elle établit aussi le contraire par exception, et cette exception ne me paraît pas encore avoir été expliquée d'une manière satisfaisante. Pour la concevoir, on ne peut s'en rapporter au sentiment d'Hippocrate; il faut, je crois, admettre plus d'énergie dans les principes générateurs du père quand un fils lui ressemble plus qu'à la mère, et la même chose dans les principes de première formation de celle-ci quand une fille lui ressemble le plus : dans les cas opposés, c'est-à-dire, quand la fille ressemble plus au père et le fils plus à la mère, il faut admettre une plus forte énergie avec une moindre abondance de principes vivifians dans celui qui obtient son sexe avec une moindre ressemblance dans les autres habitudes physiques. Cependant le phénomène de la ressemblance plus marquée de la fille avec son père peut encore tenir à ce que celui-ci a dans sa personne plus de traits de ressemblance avec sa propre mère et avec les ancêtres de sa femme, que celle-ci n'en a avec son propre père et avec les ancêtres de son mari, ce qu'il serait surtout raisonnable d'admettre quand la même ressemblance prédomine aussi chez les garçons, *et vice versa*. Une troisième influence, capable de produire une supériorité de ressemblance d'un côté, ce sont des traits plus saillans au physique et au moral, un caractère plus décidé et plus impérieux dans l'un des parens. Pour les jumeaux de différens sexes, on les conçoit très-bien ; il suffit que, dans un coït répété, l'ardeur de l'un s'affaiblisse et que celle de l'autre des générateurs s'exalte après le premier acte, comme l'appétit vient chez l'un et se perd chez l'autre en mangeant. Enfin, comme les formes et le caractère du sexe masculin se dessinent plus lentement et plus faiblement dans la première enfance que dans le sexe féminin, au point que les deux sexes se confondent alors, on peut encore admettre que les maladies et toutes les causes débilitantes qui ont assiégé l'enfance des garçons, ont dû leur conserver une ressemblance plus marquée avec le sexe féminin, surtout si leur éducation a concouru dans le même sens ; comme la bonne santé et l'éducation plus mâle des filles peut aussi les rapprocher du père par une ressemblance plus marquée, si celui-ci est fort, et que la femme soit faible avec des traits peu saillans. Il y a des ressemblances sous tant de rapports, qu'il faut tout apprécier dans ce qui les produit.

M. Girou de Buzareingues s'exprime de la manière suivante (*l. c.*, pag. 232), sur les ressemblances des animaux : « Si la femelle qui a atteint son parfait développement, est livrée à un très-jeune étalon, bien vigoureux d'ailleurs, elle fera probablement une femelle, qui ressemblera à l'étalon. Si une très-jeune femelle, bien développée pour son âge, est livrée à un veil étalon bien nourri, elle fera probablement un mâle qui ressemblera à la mère, et les résultats ne changeront point, quelle que soit la nourriture que reçoive celle-ci après l'accouplement. »

Ce passage vient à l'appui de mon opinion sur l'influence des principes prolifiques qui, ayant une élaboration plus parfaite avec plus de consistance dans la force de l'âge, obtiennent un surcroît d'énergie propre à déterminer la ressemblance du sexe, tandis que dans le jeune âge les mêmes principes, élaborés plus promptement et en plus grande abondance, ont moins de consistance, et, quoiqu'en partie majeure dans la synthèse vitale, ils subissent l'impulsion de première forme, laquelle est plus forte dans les principes de l'âge adulte, c'est-à-dire en abrégé, que la quantité de principes prolifiques subit la loi de la qualité. Si cela paraît souffrir des exceptions, c'est lorsque l'animal adulte n'a plus assez de force ou n'a pas eu le temps nécessaire, après un premier accouplement, pour arriver à une nouvelle élaboration assez parfaite des principes de la génération. Aussi M. Girou suppose que le vieil étalon est bien nourri, c'est-à-dire, qu'il n'est pas affaibli, et il faut ajouter qu'en outre il doit n'être pas épuisé par une approche trop fréquente des femelles, mais avoir eu le temps nécessaire pour réparer ses pertes ; autrement, il se retrouverait dans le cas d'un jeune étalon, auquel l'ardeur et l'éréthisme de son âge occasionent des pertes de sperme plus fréquentes.

Quelle que soit la nourriture de la femelle après l'accouplement, les résultats ne changeront pas, dit l'auteur, en réfutation de l'opinion de ceux qui ont cru que le sexe est déterminé par la nourriture que prend l'embryon, soit dans l'œuf, soit dans l'utérus; réfutation appuyée d'ailleurs sur l'observation qu'il naît plus de mâles que de femelles des petits œufs et des mères faibles, ou mal nourries, que de celles qui sont plus fortes ou mieux nourries.

Le même auteur dit (*l. c.*, p. 304) : « Il est vraisemblable que souvent le mâle, qui ressemble à sa mère, contribue, autant et plus que la femelle, à transmettre le sexe féminin au produit. Il n'y a enfin aucune raison de douter que les formes sexuelles des ascendans ne deviennent latentes dans une première génération, et ne reparaissent dans une seconde aussi souvent que toute autre forme... Le sexe masculin est latent dans la femelle du puceron, jusqu'à ce que le lien qui l'enchaîne (l'exubérance de la vie de végétation) soit trop faible pour le contenir : il reparaît alors, et la femelle seule le produit. On voit, par ce passage, que, dans certaines circonstances, M. Girou reconnaît, comme Hippocrate, à chaque sexe une aptitude à produire les deux sexes. Sans aller aussi loin, c'est-à-dire sans croire qu'un sexe puisse être donné par celui qui ne le possède pas, j'admets, comme très-vraisemblable, qu'un mâle qui ressemble beaucoup à sa mère peut transmettre à ses descendans des formes féminines patentes ou latentes, s'il les possède lui-même, et procréer par là des fils qui auront une double assimilation avec leur mère, l'une empruntée de celle-ci, et l'autre empruntée du père, comme je m'en suis expliqué précédemment.

Dans l'analyse des travaux de l'Académie royale des sciences, pendant l'année 1828 (partie physique), M. Cuvier rapporte ce qui suit des expériences faites par le même auteur sur la production des sexes: « Nous avons dit, en 1827, que, d'après les expériences répétées de M. Girou de Buzareingues, sur la reproduction des animaux, le sexe du produit dépend surtout de la vigueur relative des pères et mères. Ce résultat vient encore d'être confirmé d'une manière assez positive. Un troupeau de cinquante brebis de deux, trois, quatre, cinq et six ans, avait été partagé en deux moitiés, et l'on avait distribué les béliers de manière qu'une moitié devait produire plus de mâles, et l'autre plus de femelles. Sur la moitié composée des brebis les plus fortes, couvertes par des agneaux de huit mois seulement, et bien nourries, vingt-trois ont été fécondées, et elles ont donné sept mâles et dix-huit femelles : il y a deux doubles portées, dont une d'un mâle et d'une femelle, et l'autre de deux femelles.

» L'autre moitié n'a pas aussi bien répondu au but que l'on se proposait, qui était d'y multiplier les mâles ; mais M. de Buzareingues attribue ce défaut de réussite à l'indocilité d'un jeune berger, qui ne suivit pas ses instructions.

» Cet observateur a fait une remarque qui n'est pas étrangère au sujet, c'est que les brebis atteintes, avant la monte, de la pourriture, qui est une maladie du foie, donnent beaucoup plus de mâles, ce que l'on peut expliquer par leur faiblesse; mais, d'un autre côté, il a trouvé que les femmes phthisiques, et les vaches atteintes de maladies du poumon, produisent plus de femelles, ce qui semble contrarier le premier résultat : l'inverse a lieu dans les affections pulmonaires des mâles. »

» Dans les diverses naissances d'un agnelage, on remarque généralement une prédominance du sexe féminin dans le commencement et à la fin. C'est que, d'une part, les plus fortes brebis demandent le bélier les premières, et que, de l'autre, plusieurs de ces brebis fortes le demandent deux fois. »

Ces observations confirment ce que j'ai d'abord

établi sur les ressemblances sexuelles, que je fais dépendre d'une supériorité relative de forces ou d'une maturité d'âge plus accomplie dans l'un des parens. Si Hippocrate et Galien ont attribué aux organes génitaux du côté droit un surcroît d'aptitude pour produire des mâles, ne serait-ce pas pour avoir observé qu'une prédominance de chaleur et d'activité dans le foie, chez les femelles, coïncide ordinairement avec la production des mâles, vu qu'ils fondaient leur opinion sur une relation plus directe des parties droites du corps avec le foie, qu'ils regardaient comme un foyer de chaleur et un agent de la nutrition qui, à en juger par la force relative des deux moitiés du corps, paraît en effet plus active à droite qu'à gauche. C'est ce qu'il est permis de conclure des explications données par Galien dans les passages précédemment cités, et de l'expérience de M. Girou, relativement aux brebis affectées de pourriture. Si, dans les affections pulmonaires, les femmes et les vaches produisent réellement plus de femelles ou d'individus de leur sexe, tandis que l'inverse aurait lieu chez les mâles, ne serait-ce pas à cause que l'inflammation des organes de la respiration ne permet pas des efforts assez grands ni assez soutenus, pour que le mâle, qui est actif dans l'acte de la génération, puisse suffire à l'éjaculation parfaite du sperme le plus consistant, au lieu que la femelle, étant passive dans le même acte, y fournit son contingent tout entier comme en parfaite santé? Les analogies et les spécialités physiologiques ne me laissent concevoir dans ce cas aucune autre cause plus probable de la différence des résultats dans les deux sexes, que l'impuissance qu'éprouve celui qui est actif dans l'acte de la reproduction, à porter son tribut complet à l'autre.

Ce qui donne un degré de probabilité de plus à mon explication, c'est que, dans toutes les humeurs composées, c'est la partie la plus ténue ou la moins consistante dont l'excrétion se fait le plus facilement et en premier lieu; ce que n'ignorent pas les nourrisseurs de Paris et des environs, qui vendent la première partie de la traite d'une vache pour du lait, parce qu'elle est très-aqueuse, et la seconde pour de la crême, parce qu'elle est plus épaisse, plus butireuse et plus consistante. Les affections pulmonaires, en donnant aux deux sexes des impulsions copulatives plus fréquentes, manifestent une égale influence sur leurs sécrétions sexuelles.

D'après des calculs de probabilité confirmés par l'expérience des agronomes, à qui le produit des sexes n'est pas indifférent, dans l'économie rurale, il résulte (ce qui vient à l'appui des données précédentes) 1° que des mâles ou des étalons, dans la force de l'âge, ni trop jeunes ni trop vieux, ni fatigués par des travaux ou des accouplemens trop fréquens, donneront un excédant de mâles avec de jeunes femelles qui n'ont point encore atteint toute leur force ni leur entier développement, ainsi qu'avec de vieilles femelles affaiblies par l'âge, les travaux ou une mauvaise nourriture; 2° que, dans les circonstances contraires, c'est-à-dire lorsque l'avantage de la force, du parfait développement, de la maturité de l'âge, du repos et de la bonne nourriture, se trouveront du côté des femelles, leur sexe prédominera dans les produits de la génération; 3° que dans un troupeau où les mâles et les femelles se trouveront à peu près dans le même rapport d'âge, de force, de développement, de fatigue, de repos, de nourriture et de constitution physique, il y aura à peu près égalité dans le produit des deux sexes. Si, en général, il naît plus de garçons que de filles dans l'espèce humaine, c'est principalement parce que les femmes mariées sont ordinairement plus jeunes et moins dans la maturité de l'âge que les hommes, dont l'éducation plus longue et l'établissement dans une carrière lucrative retardent le mariage. Cependant, un fait digne de remarque, noté par M. Girou (*l. c.*, p. 337), c'est que, d'après les observations de M. Hufeland, il naît plus de filles que de garçons chez les juifs de

Berlin, et que Gorcy s'est assuré qu'il en était de même chez ceux de Metz et de Bordeaux, probablement parce que, dans cette nation, les soucis et les soins du commerce, qui est presque leur occupation exclusive, sont plus le partage des hommes que des femmes ; et l'expérience prouve que rien n'est plus contraire au développement du physique qu'une trop grande activité intellectuelle, hors de proportion avec l'exercice corporel. On a remarqué, au contraire que, parmi les enfans de troupes, il y avait plus de garçons que de filles; ce qui doit être, puisque l'on prend les hommes les plus beaux et les plus forts pour le service militaire.

L'acte de la génération, en rassemblant les élémens d'une nouvelle existence, y porte un foyer de vie qui doit régir et dominer jusqu'à la mort tous les matériaux qui viendront l'alimenter, et son principal attribut est de soustraire les corps qui en sont doués aux lois générales de la nature, pour les placer à part, comme de petits mondes ou des créations individuelles, dans le monde universel. La vie est donc un principe particulier de conservation et de développemet graduel qui, inhérent à une substance isolée, lui assimile et lui incorpore des élémens identifiables, et la protège ainsi contre la dissolution, et les lois générales de l'affinité. L'on ne peut mieux comparer la vie qu'au feu. L'une et l'autre, répandus dans toute la nature, y restent comme assoupis, jusqu'à ce qu'ils soient provoqués par le frottement ou le mouvement, et mis en contact avec des élémens d'assimilation, c'est-à-dire, avec des matières alimentaires ou combustibles. Alors ces deux principes concentrés dans une sphère ou un foyer propre et isolé, se manifestent et se conservent par l'intermédiaire de l'oxigène atmosphérique, tant que leur force d'assimilation n'est arrêtée par aucun obstacle, avec cette différence, que le feu peut s'agrandir sans mesure, au lieu que la vie est limitée dans des proportions relatives aux espèces qui en ont communiqué le principe. Ainsi la mort est l'anéantissement de toutes les propriétés ou fonctions organiques capables de concourir à l'assimilation alimentaire d'un individu, et la maladie est une interruption passive d'harmonie dans l'exercice de ces mêmes fonctions. Plus les facultés sont multipliées dans un animal, plus le concours de toutes à l'exercice de chacune est nécessaire pour conserver la vie, mais aussi plus l'animal est parfait. Dans les espèces les plus parfaites, il y a aussi un plus grand nombre d'appareils ou d'organes avec un mode de vitalité différent dans chacun, et chaque mode de vitalité qui se manifeste prend le nom de fonction. Ainsi le cerveau, le cœur, le foie, les poumons, les organes sexuels, les nerfs, les muscles, etc., ont chacun un mode de vitalité particulier ou leurs fonctions distinctes et spéciales; et chacun de ces organes a besoin du concours de tous, pour la régularité et la conservation de ses fonctions ou de sa vitalité propre. Il n'en est pas ainsi dans les dernières classes d'animaux, tels que les vers, les polypes, dont une partie quelconque, séparée du tout, conserve la même vitalité et reproduit un individu semblable à celui dont elle a été séparée. La vie est donc soumise à ses propres lois, puisque toutes ses manifestations sont subordonnées, pour leur spécialité, à des différences de dispositions organiques, établies par elle-même, et tellement réglées sur ces différences, que l'altération de l'organe entraîne l'altération de l'action vitale qu'il doit reproduire. Ce qu'on appelle *santé* ne peut donc être que l'harmonie de toutes les fonctions vitales, établie sur l'intégrité de leurs organes respectifs pour chaque individu. L'on ne pourrait nier la justesse de ces explications sans être en contradiction avec les principes fondamentaux et différentiels de la physiologie, de la physique et de la chimie, ainsi qu'avec toutes les analogies du règne animal et du règne végétal.

Pour ne pas multiplier inutilement les citations relativement aux ressemblances, je me bornerai ici au passage suivant de Cardan, qui est basé sur un fait assez curieux dans sa famille, dont Baricellus fait aussi mention, page 82 de son livre intitulé : *Hortulus genialis*. Voici comment il s'exprime. «Tous les fils ont coutume d'hériter de leur père ou de leur aïeul quelque chose de bien apparent, comme une verrue, une cicatrice, la figure, les mœurs, les lignes des mains. Dans notre maison, nous avons tous au bras une verrue de famille, et mon fils Marcellus l'a également reçue de moi. Cela provient du mélange des semences ainsi que de l'effusion des esprits séminaux des deux parens et des aïeux. Voilà pourquoi il arrive que si, dans l'acte de la génération, les semences sont bien mêlées et confondues jusque dans leurs parties les plus ténues, les enfans deviennent robustes. Ainsi les bâtards sont plus forts, parce qu'un amour ardent opère un mélange complet et intime des deux semences (1). »

L'on sait que Cicéron a été appelé ainsi du

(1) Filii omnes aliquid patrium aut avitum ad unguem retinere solent, verrucam scilicet, vel cicatricem, vel effigiem, vel mores aut manuum lineas. In domo nostra, omnes a parentibus verrucam in brachio habemus, et Marcellus, filius meus, ex me consimiliter. Proveniunt hæc a seminum miscela spirituumque utriusque parentis seminalium avorumque effusione; propterea succedit (si semina in filiorum generatione bene miscentur atque in minimas partes junguntur) ut fœtus robusti evadant. Hac enim ratione spurii robustiores existunt, quoniam ob amoris vehementiam utriusque semina multum beneque commiscentur.

mot *cicer*, qui, en latin, désigne une espèce de pois, parce qu'il avait sur le nez un pois de naissance ; son nom patronimique était Tullius, auquel on ajoutait celui de la marque qu'il portait, pour le distinguer de ses homonymes. Beaucoup d'autres noms, tels que ceux de Rufus, de Caton, de Scipion-Nasica, de Strabon, de Capito, de Tacite, de Lentulus, de Varon, de César (1), etc., ont été dérivés de quelque caractère physique ou moral, propre à distinguer les familles romaines, où ils semblent avoir été héréditaires. Hippocrate parle d'une race de *macro-céphales* ou grosses têtes, chez les Grecs ; et les historiens nous ont transmis des notions sur une race de longue vie (*macrobii*). Sans remonter si loin, n'avons-nous pas parmi nous des caractères généalogiques dans la couleur des cheveux et de la peau, dans le nez, la taille, la tête, le moral, qui, perpétués dans les familles, les ont fait désigner sous les noms patronimiques de Rousseau, Le Brun, Le Blanc, Noirot, Camus, Petit, Le Grand, Capet, Têtu, Bourru, etc. L'on reconnaît toujours les traits

(1) Quelques savans, d'après Pline, ont dérivé le nom du premier César d'une incision utérine pour le produire au jour. Mais d'autres prétendent qu'il est dérivé d'une belle chevelure (en latin *cesaries*) ; ce qui est plus vraisemblable, car les enfans qui voyaient le jour par l'opération *césarienne*, dont le nom vient de *cædere*, *cæsus*, couper, coupé, ne s'appelaient pas *Cæsar*, mais *Cæso*, *Cæsones*, d'après Pline lui-même, et c'est le nom d'une autre famille romaine.

des Bourbons, la grosse lèvre inférieure de la maison d'Autriche; et nous disons : une *vue à la Montmorenci*, pour désigner une espèce de strabisme héréditaire dans cette famille, comme une belle voix l'est aussi dans la famille des Garat.

Cependant les caractères primordiaux des familles s'effacent peu à peu par leur mélange reconnu nécessaire, et commandé par les lois de tous les peuples civilisés, parce qu'il est démontré, par l'expérience et l'observation de tous les temps, que les alliances consanguines sont moins fécondes, et font dégénérer les hommes. Les agronomes savent aussi que le croisement des races est nécessaire pour le perfectionnement des animaux domestiques. Il suffit, au reste, de regarder autour de soi, pour remarquer des caractères distinctifs transmis par génération, tels que la force, la faiblesse, la longévité, la probité, l'amour de la justice, les dispositions au suicide, à l'apoplexie, à la phthisie, à la légèreté, à la superstition, à la débauche, etc., de même que des marques et des taches physiques de toute espèce. S'il y a aussi des marques et des dispositions physiques et morales qui ne sont pas héréditaires, comme l'observation le prouve aussi, l'on ne peut nier que celles qui appartiennent à des causes fortuites ne soient des exceptions, étant beaucoup moins nombreuses que les originelles. Les qualités des plantes et leurs maladies se perpétuent aussi, non-seulement par les semences que les agronomes ont bien soin de choisir en les prenant dans les belles espèces pour obtenir de beaux produits, et dans les précoces pour avoir des primeurs, mais aussi par boutures, comme on le voit dans quelques variétés de sureau, de buis, de roseau, etc., dont les panachures, qui sont des couleurs acquises en état de maladie, se conservent et se propagent dans les branches et les jets que l'on en détache pour les transplanter. C'est ainsi que la leucæthiopie se naturalise dans quelques espèces d'animaux, tels que les lapins, les souris, les furets, les chevaux.

Le passage de Cardan, et les observations que nous venons d'y rattacher, viennent à l'appui de ce que dit Hippocrate, pour prouver que toutes les parties et les humeurs du corps fournissent leur contingent dans la génération, puisque tout y est représenté jusqu'à la marque la plus insignifiante, comme une verrue. Néanmoins il ne faut pas prendre dans un sens trop étroit et trop rigoureux ce que disent ces auteurs; car il est contraire aux lois de la nature, de faire concourir directement tout le corps, ou chacune de ses parties, à ce qu'elle réclame seulement d'un seul appareil d'organes, que l'on appelle *sexuels*, relativement à leur partage, du latin *secare*, couper, partager, parce que chaque sexe n'est qu'une section de l'appareil complet; *organes de la génération*, ou *parties génitales*, relativement à leur destination et à leurs fonctions: la pudeur leur a aussi fait donner la dénomination de *parties honteuses*, quoiqu'il y ait plus de honte à en être privé qu'à en être pourvu, et que leur ablation fasse perdre de leur hardiesse et de leur courage à tous les animaux.

Pour se convaincre de la vérité de ce que j'avance contradictoirement aux auteurs cités, il ne faut que réfléchir que les hommes et les femmes nés manchots et les amputés engendrent des enfans pourvus de tous leurs membres; que les juifs et les Turcs, toujours circoncis, n'ont point cessé, après une longue suite de générations, d'avoir des enfans munis de leur prépuce; que les animaux écourtés, tels que les chevaux, les chiens et autres, produisent des petits pourvus de queue et d'oreilles; que les papillons et les phalènes (1) de diverses espèces d'insectes, qui

(1) Phalène, du grec *φάλαινα*, probablement dérivé de *φαω*, je luis, je brille, d'où est aussi tiré le latin *fax*, flambeau, désigne les mouches ou moucherons qui viennent voltiger autour des flambeaux, et on applique aussi ce nom, par extension, à d'autres espèces après leur dernière métamorphose, avant laquelle on les désigne sous le nom de

reproduisent les chenilles, les vers-à-soie, les abeilles, etc., n'ont plus les tuniques et les enveloppes dont ces derniers doivent se revêtir, comme les vers avant leur métamorphose en insectes parfaits.

Le mélange des semences, déjà admis par Hippocrate, Empédocle, Aristote, Epicure et autres, auquel Cardan donne tant d'importance, n'est point prouvé; car il n'a pas encore été démontré que la femelle ait une semence analogue à celle du mâle, et l'on ne peut considérer comme telle un suintement lymphatique et muqueux que le coït provoque chez les eunuques, comme chez les femmes et chez les hommes, indépendamment du sperme, dont il n'a ni les caractères ni les propriétés.

Il y a au col de la vessie une glande appelée prostate, d'où se fait un suintement d'humeurs qui se mêle au sperme à sa sortie, et qui lui ressemble jusqu'à un certain point. Une humeur analogue a suffi pour en imposer sur la semence des femmes, où cette glande n'existe pas, à la

larves, (du latin *larva*, masque), dans leur premier état de ver et de chenille, et sous ceux de *nymphe*, de *crysalide* ou d'*aurélie*, dans les métamorphoses intermédiaires qui les rapprochent de l'état de papillon ou de phalène : nymphe est un mot qui signifie une fille nubile, une jeune mariée; chrysalide, du grec χρυσος, or, et aurélie, du latin *aurum*, or, signifient l'un et l'autre une nymphe dorée ou de belle couleur.

vérité, quoique Bartholin et R. de Graaf aient cru l'y découvrir, mais où se trouvent d'autres glandes, telles entre autres que celles que Cooper a appelées petites prostates, ou prostates inférieures, lesquelles fournissent aussi un suintement visqueux. On doit toutefois admettre que, dans le coït, la femme fournit aussi un liquide propre à son sexe, soit enveloppé dans un vésicule en forme d'œuf avec une espèce de germe, soit autrement, puisqu'elle transmet sa ressemblance à ses enfans ; ce qui ne pourrait se faire d'une manière aussi marquée, si elle ne fournissait que le réceptacle et les sucs nourriciers au sperme.

Il est des espèces telles que les poissons, quelques amphibies, et c'est probablement aussi le cas dans les abeilles, comme le pense M. Ducouédic, contradictoirement à MM. Hubert, Féburier et autres, où la fécondation n'a lieu qu'après la ponte des œufs; et dans les premiers, c'est ordinairement l'agitation de l'eau, dans des endroits abrités où elle n'est pas très marquée, qui rapproche les élémens de la fécondation, lesquels ne présentent certainement pas les caractères d'une similitude dans les deux sexes. Pour les plantes, dont la production a tant d'analogie avec celle des animaux, il ne paraît pas que le pollen, ou la poussière fécondante, se mêle avec quelque chose d'analogue provenant du pistil ou de l'ovaire; et il serait ridicule de prétendre que la plante femelle a aussi un pollen, dont le mélange avec celui de l'individu mâle serait nécessaire pour la fécondation. L'expérience vient d'ailleurs renforcer l'induction analogique, car, dans les plantes à sexes séparés, comme le chanvre, les épinards et autres, l'on ne remarque pas, sur les tiges femelles, une poussière abondante telle que celle qui se détache des anthères des tiges mâles. D'ailleurs, les organes génitaux diffèrent trop dans les deux sexes, pour qu'on puisse assimiler leurs sécrétions. Ce que nous savons de positif, c'est que la semence des mâles est nécessaire, pour que le travail de l'évolution vitale se réveille dans l'ovaire des plantes, et dans la matrice ou les œufs des animaux. La manière dont cela se fait est un problème à résoudre, qui, dans l'opinion des anciens, où le système des semences de l'un et de l'autre sexe était admis, présentait moins de difficultés que dans le système des ovaristes, qui, plaçant la première ébauche de l'embryon dans les germes des œufs et des graines, me semblent ne pouvoir prétendre qu'à un produit toujours semblable à la femelle, si le sperme du mâle en provoque seulement l'évolution, sans entrer comme partie intégrante dans la composition ou la première synthèse. Le problême n'est pas plus facile à résoudre, si l'on suppose un animalcule pour principe d'évolution ; car alors le produit devrait être analogue à celui de la greffe, c'est-à-dire mâle, et exclusivement semblable au père, si l'animalcule vient du sperme ; et femelle, et tout-à-fait semblable à la mère, s'il vient de l'œuf. Dans un travail soustrait à tous nos sens, et par conséquent à l'observation, n'est-ce pas favoriser tous les caprices et les écarts de l'imagination la plus vagabonde, que de s'affranchir des indices de l'analogie et des résultats de l'expérience, qui, dans tous les produits de la génération par les sexes, nous représentent constamment la fusion des caractères du mâle et de la femelle ? Mais un animalcule, ou un germe, en fusion ou en dissolution, est un non-sens ou l'absurde même ; car s'il n'y a fusion, il n'y a plus mélange, mais intus-susception, comme dans la greffe ; et s'il y a fusion, il n'y a plus animalcule ni germe, puisqu'il n'y a plus de synthèse primitive formée, mais qu'elle doit se former par co-union de deux principes, comme dans la formation des sels neutres par les acides et les alcalis. Quoi qu'il en soit du problème en question, voici quelques résultats du croisement des races et des espèces, propres à faire voir qu'il n'a pas encore été résolu d'une manière satisfaisante, et que, pour le concevoir, il faut admettre une fusion ou un mélange des principes prolifiques de l'un et l'autre sexe, déterminé par l'acte de la génération, sans préexistence d'ébauche ou d'animalcule, procédant d'un seul des deux sexes.

D'après la marche naturelle des générations par le mélange des deux races d'hommes les plus opposées dans leur couleur, 1° il naît d'un blanc et d'une négresse le mulâtre à cheveux longs; 2° du mulâtre et d'une négresse vient le *cabre* ou *quarteron*, qui a trois quarts de noir et un quart de blanc; 3° du quarteron et d'une négresse provient l'*octavon*, qui a sept huitièmes de noir et un huitième de blanc; 4° de l'octavon et d'une négresse naît enfin le vrai nègre à cheveux entortillés. Quatre filiations en sens inverse blanchissent la peau, quand le climat s'y prête. Les descendans des premiers Portugais qui émigrèrent en Guinée vers l'an 1450, sont devenus aussi noirs que les indigènes dont ils ont pris exactement le coloris, la laine de la tête, de la barbe et tous les traits de la physionomie, en conservant les points essentiels d'un christianisme dégénéré et la langue du Portugal un peu corrompue par les dialectes africains; ce qui prouve l'influence du climat dans les modifications imprimées aux races d'hommes. L'on cite des métis qui n'avaient que la couleur de l'un de leurs parens, et, selon Bruce, il y aurait des villages dans le royaume de Tigré où les enfans sont toujours noirs, même quand il n'y a qu'un de leurs parens de cette couleur; et l'union de l'Arabe avec la négresse ne produirait non plus que des enfans blancs. Pour chercher à expliquer de pareilles anomalies, il faudrait en avoir d'autres preuves. (Voyez *Recherches phi osophiques sur les Américains par Pauw*, p. 230 et suiv., t. 1.)

Les agronomes qui ont étudié le croisement des races pour en tirer parti, croient, d'après leurs expériences, que les métis participent plus du caractère du mâle par l'extérieur et plus de celui de la femelle par l'intérieur, ce qui a des rapports avec la situation des organes respectifs de la génération, ceux du mâle étant plus excentriques que ceux de la femelle. Linnée, voyant que, dans les végétaux, les organes sexuels femelles occupent le centre de la fleur et de la tige, tandis que les organes mâles sont à la circonférence, en avait conclu que l'ovaire et les graines proviennent de la moelle, et les étamines avec la corolle des parties ligneuses et corticales. Athénée et Galien ont observé que le métis d'une chèvre accouplée avec un bélier porte une laine assez douce et soyeuse; et Linnée a constaté que les agneaux d'une brebis suédoise, accouplée avec un bélier mérinos d'Espagne, offraient une belle laine longue et fine, tandis que la laine restait grossière, quand le mâle était de race suédoise et la mère de race mérinos. De même le bouc d'Angora avec une chèvre d'Europe engendre des métis à poils longs, doux et soyeux, au lieu que des boucs d'Europe avec des chèvres d'Angora donnent des produits à poils rudes et grossiers. Columelle et Buffon ont remarqué que la couleur des mâles passe à leurs descendans; ce qui n'est vrai que pour quelques espèces, par exemple pour les lapins, car les descendans d'un lapin gris, accouplé avec une lapine blanche, sont gris. Les oiseaux métis ressemblent plus à leurs mères, s'ils sont femelles, et plus à leur père, s'ils sont mâles. Cependant le mulet et le bardeau semblent tenir plus de la mère que du père, le premier ayant la taille, la force, le poil et la démarche de la jument sa mère, et le second la taille, les forces, la crinière et la queue de l'ânesse sa mère. Le mulet, dans les pays chauds et montagneux comme l'Espagne, est préféré à l'un et à l'autre de ses parens, pouvant être employé plus utilement au bât, au trait, en même temps qu'il sert de monture.

On croit que le mâle transmet plus ordinairement les bonnes qualités dont il est doué aux mâles de sa progéniture, si elles lui viennent de son père, et aux femelles, si elles lui viennent de sa mère; et que pareillement la femelle donne plus aux mâles des qualités qu'elle tient de son père, et plus aux femelles de celles qu'elle tient de sa mère. Cependant l'on peut déjà juger par les aperçus précédens, que l'on ne peut établir avec certitude une règle générale et constante sur la part des mâles et des femelles dans la production des métis, puisque ce qui a lieu dans une espèce n'a plus lieu dans l'autre. L'on voit que la nature répugne et résiste jusqu'à un certain point aux croisemens disparates; qu'elle revient promptement aux races et aux espèces primitives plutôt que d'en produire de nouvelles, et que, pour rentrer plus vite dans les limites qu'on l'a forcée de transgresser dans les productions de certaines variétés, elle rend même difficile la fécondité de certains métis, par exemple celle des mules; ce qui a donné lieu au proverbe latin *cum peperit mula*, pour dire *jamais*. Ainsi, au milieu de toutes les influences accidentelles, la nature conserve une tendance si forte à l'homogénéité et à la conservation des races et des tiges primordiales, que l'accouplement entre des espèces très-éloignées l'une de l'autre reste sans produit; car, selon Buffon, le jumart, que l'on avait cru provenir de la jument et du taureau, n'a jamais existé. Mais il n'en est plus de même de l'accouplement entre des races voisines ou d'une organisation rapprochée, comme cela se voit entre les diverses races d'hommes, de chiens, de bêtes à laine, d'oiseaux en captivité, et comme on l'observe aussi dans les plantes, en les privant de leurs propres étamines, pour leur communiquer le pollen d'une espèce rapprochée. C'est par la tendance de la nature à conserver la pureté de ses premières créations, que les métis ou mulâtres, en continuant à s'unir à une race primitive, reprennent tous les caractères de celle-ci après trois générations, selon Twis et Ulloa; ce qui arrive encore plus promptement parmi les oiseaux que parmi les autres espèces; car les métis du faisan et de la poule, en s'unissant à des faisans, ont des petits entièrement faisans.

Il y a des transmissions directes et des transmissions indirectes des parens aux descendans. Les premières s'annoncent par des indices ou des apparences manifestes dès l'instant de la naissance; telles sont les sexes, les couleurs, les formes, l'habitude du corps ou de ses parties, les poils. Les transmissions indirectes ou de simple tendance attendent, pour se manifester, l'influence de l'âge, de la nourriture, du climat, des saisons, d'un accouplement d'une tendance similaire et d'autres circonstances souvent inappréciables; telles sont les maladies héréditaires et les couleurs qui ne se developpent qu'avec l'âge ou qui, par un changement de nourriture et de climat, arrivent à représenter celles des ancêtres. On sait que les alouettes et les moineaux prennent une couleur foncée quand ils se nourrissent de chénevis, que le plumage des corbeaux blanchit avec l'âge, que les cheveux de l'homme blanchissent plus tôt ou plus tard, selon les familles, quand même les couleurs de l'enfance se sont ressemblées ; que, dans le Nord, l'hermine, l'écureuil, le renne et d'autres animaux changent en blanc ou en gris pendant l'hiver, leur couleur d'été qui est plus rembrunie. C'est aussi par une transmission de tendance ou indirecte que les garçons qui, dans l'enfance, diffèrent peu des filles, s'en éloignent davantage par les formes, les traits, les goûts et toutes les habitudes corporelles en avançant en âge, et que le poulain qui naît avec un duvet qui représente la robe de sa mère, se couvre plus tard du poil de son père. C'est par une même tendance que les qualités ou les vices des aïeux reparaissent à la seconde ou à la troisième génération avec toute leur énergie, après avoir paru assoupis dans la descendance directe. Quand il naît des agneaux noirs dans un troupeau composé entièrement de bêtes blanches, il faut également en chercher la cause dans une transmission indirecte de la part des ancêtres, ou dans des circonstances accessoires de chaleur, de nourriture, etc.

Selon M. Latreille et la plupart des naturalistes, les abeilles ouvrières peuvent devenir reines et mères quand, à l'état de larves et dans les trois premiers jours de leur naissance, elles reçoivent la nourriture et une cellule de reine.

L'on peut conclure de ces considérations qu'il est bien difficile, pour ne pas dire impossible, d'établir des règles constantes et invariables pour la transmission des qualités accessoires par le croisement des races et des espèces, et que même il y a des variétés imprévues dans la transmission des caractères principaux. Cependant les chasseurs disent *chienne de chien* et *chien de chienne*, pour marquer que les mâles héritent des qualités de la mère, et les femelles des qualités du père, ce qui n'est pas toujours vrai, mais peut le paraître souvent par des coïncidences dont j'ai fait mention en parlant de la ressemblance des fils avec leur mère, et de celle des filles avec leur père. Pour laisser moins de doutes sur cet objet, je vais ajouter quelques nouveaux faits aux précédens; en les empruntant à M. Girou, dont le livre se recommande beaucoup plus par ses expériences que par ses théories.

« Parmi les produits d'un coq sans queue, dit cet auteur (*l. c.*, p. 120 et ss.), et d'une poule ordinaire, j'ai compté beaucoup plus de poulettes que de poulets sans queue, et les poulettes étaient plus complètement que les poulets privées de queue.

» Sur les produits d'un coq frisé et de poules

ordinaires, j'ai remarqué que les plumes des poulettes étaient plus dénuées de barbe et mieux frisées que celles des mâles; tous les résultats de cet appareillement ont eu constamment les plumes plus ou moins frisées, comme celles du coq; mais sous le rapport de la couleur, plusieurs ont ressemblé spécialement à la mère.

» Une chienne de chasse au nez double, ou dont les naseaux étaient séparés par une solution de continuité, et issue d'un père au nez double et d'une mère au nez commun, a été accouplée avec un chien au nez commun, et sur huit petits issus d'une même portée, il y a eu quatre mâles au nez double, et une femelle au nez commun.

» Une chatte domestique, alliée à un chat sauvage, m'a donné deux chats qui ressemblaient à la mère, et qui étaient doux et familiers à l'homme comme elle, et une chatte qui ressemblait au père, et qui était sauvage comme lui. Celle-ci, bien plus rusée que ses frères, avait appris d'elle-même ou par imitation, sans doute, à ouvrir une porte, en passant la pate par un trou pratiqué immédiatement au-dessous du loquet.

» Ce dernier fait me rappelle les résultats obtenus par M. de Spontin, de l'accouplement d'un chien braque avec une louve; le mâle avait le naturel du loup, et la femelle celui du chien.

» Sur quatre poulains que m'a donnés une jument arabe, trois mâles ont eu le poil de la mère et une femelle celui du père.

» J'ai vu reparaître dans les poulains mâles le poil de leur aïeul, et dans les pouliches celui de leur aïeule, qu'on ne trouvait ni dans le père ni dans la mère; le dernier de ces faits a été plus rare que le premier.

» Parmi les veaux issus de taureaux noirs et de vaches rousses, il y a souvent des mâles qui, roux en naissant, deviennent noirs dans la suite; et parmi ceux qui proviennent de vaches noires et de taureaux roux, on rencontre quelquefois des génisses qui, rousses en naissant, deviennent ensuite noires; mais je n'ai jamais vu que le veau, teint en naissant de la couleur de son père, prît ensuite celle de sa mère, ni que la génisse, teinte d'abord comme la mère, prît plus tard la couleur de son père.

» Presque tous les poulains issus d'un cheval noir et d'une jument blanche, ou d'un cheval blanc et d'une jument noire, sont gris; l'observation en a été faite par tout le monde.

» Les taches des animaux gris s'entremêlent par masse dans leurs descendans.

» L'albinos transmet son blanc de lait, ou il produit des animaux gris, ou l'influence de sa couleur devient nulle sur ses petits.

» J'ai vu souvent les produits de chiennes qui

avaient reçu plusieurs chiens de différentes races; les uns tenaient d'un père, les autres d'un autre; mais jamais le même chien n'a ressemblé à deux pères différens. »

L'ouvrage de M. Girou de Buzareingues contient beaucoup d'autres faits aussi curieux que ceux que je viens de rapporter à l'appui des principes que j'ai établis, tant sur les transmissions directes que sur les transmissions indirectes. Mais ses théories ou les conséquences physiologiques qu'il en tire, ne me paraissent pas toujours rigoureuses ni au niveau des progrès de la science, et pour n'en citer qu'un exemple, il dit, page 132 : « La ressemblance des formes est souvent accompagnée de celle de l'intelligence, et la ressemblance de la couleur et de la peau est souvent unie à celle des penchans et du tempérament. » On sait aujourd'hui, et Gall l'a prouvé jusqu'à l'évidence, que l'intelligence et les penchans qui en sont des reflets, n'ont de rapport qu'avec le cerveau, sans que les formes et la couleur y soient pour rien. Le tempérament et le cerveau ont aussi un rapport de corrélation entre eux.

CHAPITRE V.

De la première synthèse et de l'évolution de l'embryon.

L'on conçoit que, pour la première synthèse de l'embryon, il doit y avoir un mouvement de rapprochement entre les principes fournis par le mâle, et ceux fournis par la femelle sous l'influence d'une impulsion vitale qui, provoquée par leur rencontre réciproque, et analogue à l'attraction mutuelle des acides et des alcalis, ramasse en différens points les humeurs plastiques similaires des deux sexes, puis met obstacle par le réveil de la contractilité, à leur diffusion, ainsi qu'à leur mélange avec des humeurs dissimilaires, dont la qualité irritante donne à la première ébauche une tendance à resserrer ses couloirs, pour empêcher tout ce qui est hétérogène d'y pénétrer, dans le cas où leur pesanteur relative et leur différence de fluidité ne suffisent pas aux agrégations spécifiques. Il ne faut, pour mettre cette contractilité en action, que de la chaleur, dont l'effet est de resserrer les parties non diffusibles et de donner un mouvement expansif aux diffusibles ou impondérables, comme on le voit par le phénomène des œufs cuits durs, dont le germe se trouve entièrement au milieu, où il n'était pas avant la cuisson, et où il n'a pu se concentrer sans contractilité. Admettons maintenant que le sperme des mâles provoque de la chaleur, et l'expérience prouve qu'il en produit, et qu'il cause même une sorte de phlogose, tant par sa nature propre que probablement par une accumulation de fluide électrique que détermine le frottement. La chaleur suffira, avec un certain degré d'humidité, pour subtiliser les élémens générateurs, dont l'expansibilité, tenant lieu d'antagonisme à la contractibilité, poussera ou attirera les molécules élémentaires où il y aura le moins de résistance, c'est-à-dire, dans des couloirs perméables ou imperméables à leur abord, selon que leur degré d'homogénéité excitera moins ou plus la contractilité, ou qu'elles seront plus ou moins subtiles et légères. Ainsi le calorique, seul ou avec l'électricité, si elle est autre chose qu'une manière d'être du calorique, que le frottement fait jaillir par étincelles des cailloux, par torrens des conducteurs de la machine électrique, et sous forme de flammes brûlantes dans le mouvement rapide d'une roue de voiture enrayée, serait le premier moyen, et la contractilité le premier agent de l'évolution organique. Non-seulement le frottement, mais aussi la congestion du sang dans les tissus caverneux de la verge et dans le tissu spongieux de l'urètre et du gland, aussi dans ceux du clitoris des femelles, produisent un accroissement de chaleur, indépendamment des autres préludes que la nature emprunte aux alimens et au printemps, époque principale des maladies inflammatoires, comme des amours de la plupart des animaux. Certaines plantes décèlent manifestement aussi un accroissement de chaleur intime, lors de la fructification, tant par la nature inflammable du pollen fécondant de plusieurs espèces, que par l'élévation de température de certaines autres, tels que l'*arum cordatum* et l'*arum italicum*, qui ont une chaleur de 20 à 30 degrés au-dessus de 0 du thermomètre de Réaumur, dans leurs organes mâles et femelles, réunis sur le même spadix.

Voilà comment je conçois la première synthèse de l'embryon, sur laquelle je n'ai rien trouvé de satisfaisant dans les auteurs; et cette explication me paraît d'autant plus admissible, qu'elle est basée sur des faits de physique et de physiologie. C'est un fait démontré par l'expérience que, dans un œuf cuit dur, le germe se contracte et rentre au milieu de l'œuf; il y a donc contractilité, puisqu'il y a contraction. On rencontre tout autour du germe une sorte d'humeur non durcie qui, après le refroidissement, ne remplit pas entièrement la cavité où elle est; elle y a donc éprouvé une expansion qui, en cessant par le refroidissement, a opéré le vide. La physique expérimentale démontre d'ailleurs la dilatabilité et l'expansibilité des matières liquides et fluides par le moyen du calorique, ainsi que leur afflux ou leur tendance vers les parties et les lieux qui leur offrent le moins de résistance, en se surmontant les unes les autres à raison de leur légèreté relative. C'est un fait également incontestable, que le frottement accumule le calorique et l'électricité, ou au moins les manifeste dans les corps frottés; et c'est peut-être du stimulus qui résulte de leur concentration dans les parties génitales, d'où leur tendance à l'équilibre les provoque à l'irruption dans la rencontre du sexe opposé, que résulte la sympathie et le prurit incommode qui fait vaincre les obstacles et rapproche les distances, pour y satisfaire. L'observation et l'expérience, en faisant désigner par le mot de *chaleur* le temps des amours des animaux, ont mis hors de doute que le calorique se concentre dans les sécrétions génitales à diverses époques, lesquelles sont rapprochées par un régime alimentaire copieux et échauffant, et éloignées par la diète, les privations, un régime rafraîchissant, la fatigue, les soucis, les mauvaises digestions et les maladies, surtout celles qu'on appelle morales. Une différence entre l'espèce humaine et la plupart des autres animaux, c'est que, dans la première, au lieu d'être périodiques comme dans ces derniers, les amours sont de toutes les saisons; et au lieu de croire, avec certains physiologistes, que les poils qui se rencontrent en plus grande abondance près des organes de la génération, chez l'homme, n'y sont que pour la beauté ou quelque autre but aussi futile, il serait plus raisonnable d'y voir un moyen ou un signe de concentration de calorique et d'électricité qui, en compensation d'une fécondité moins grande, donnerait une aptitude plus constante à la reproduction. Les enveloppes dont s'entoure le fœtus des animaux se forment plus ou moins épaisses et nombreuses, selon la nature de leurs élémens, par l'expansion d'un fluide gazeux, appelé *ame* par les anciens, qui, globulé et également dilatable en tout sens, écarte les humeurs au milieu desquels il se trouve, fait céder peu à peu et uniformément leur adhérence, en les raréfiant, et les soutient à sa circonférence sur laquelle elles restent moulées par leur tendance concentrique, qui n'est que vaincue et non détruite par l'expansion ou l'antagonisme excentrique des gaz. C'est de la même manière que croissent les bulles qui se dégagent des eaux gazeuses, des vins mousseux, des eaux pluviales; que se forment, au moyen d'un tube ou d'un tuyàu de pipe, les bulles d'eau savoneuse, et, au moyen de la chaleur, les enveloppes des hydatides, des poches d'eaux, des hydropisies et des tumeurs enkystées dans le corps des animaux.

Quant à l'existence d'humeurs fournies par les deux sexes dans l'acte vénérien, elle est démontrée par le fait et indubitable. Le nom n'y fait rien. Je les appelle *plastiques*, du grec πλασσω, je forme, je compose, parce que ce nom, déjà adopté par les philosophes anciens, est propre à désigner la matière élémentaire des animaux et des végétaux, sans distinction de sexe, tandis que les noms d'*humeurs séminales* sembleraient exclure la part des femelles, qui, pour être semblable par sa destination à celle des mâles, doit pourtant en différer, et en diffère réellement par sa consistance, sa quotité de calorique et une qualité spécifique qui fait que les femelles ne peuvent se féconder entre elles. La réalité de ces rudimens plastiques de première origine est d'ailleurs attestée par les traits de ressemblance mixte des enfans, et des petits animaux avec leurs parens.

La physiologie démontre que l'excitabilité et

la contractilité de la fibre se réveillent avec énergie par le contact ou la stimulation des corps qui lui sont étrangers, et s'en rapproche le moins par leur homogénéité. Il est aussi généralement admis en physiologie que c'est la contractilité, sous les noms de *systole* pour le cœur et les artères de *mouvement péristaltique* pour les intestins, etc., qui détermine la circulation et l'afflux du sang dans toutes les ramifications vasculaires, ainsi que la résorption du chyle et l'expulsion des résidus alimentaires. En dernière analyse, l'on trouverait peut-être que l'excitabilité, la sensibilité, toutes les sécrétions et les excrétions ne sont que des phénomènes plus ou moins directs de la contractilité. C'est donc aux phénomènes les plus incontestables de la physique et de la physiologie, que se rattache mon explication de la première évolution de l'œuf fécondé. M. Orfila a trouvé que le sperme contient du gluten, et l'expérience démontre que le gluten est très-contractile.

Redemander la synthèse des molécules élémentaires de l'embryon ou le mode de son évolution première aux lois de l'affinité ou à l'attraction et à la répulsion que produiraient la compression et la gravitation des corps les uns sur les autres, ou, si l'on veut, à des impulsions concentriques et excentriques de cause occulte, c'est oublier que le flambeau de la vie, une fois allumé, s'éteindrait sous leur empire, puisque la vie est un principe qui affranchit celui qui la reçoit des lois générales de la physique, en le soumettant aux lois particulières de sa propre organisation. Observons d'ailleurs que l'affinité, consistant dans une tendance à se rapprocher et à s'unir entre des élémens partiels, comme dans les métaux, les sels, les terres, suppose à chacun de ces élémens une propriété qui peut bien rendre raison de la fixité des agrégations, mais qui laisse à désirer un agent intermédiaire pour faciliter la naissance de ces dernières, en établissant une communication ou un moyen de rapprochement entre les molécules isolées ou déjà fixées; car un mouvement perpétuel détruisant l'idée d'affinité, il est impossible de la concevoir dans un rapprochement sans fixité ou persistance d'union. C'est donc une adhérence réciproque entre des élémens partiels, persistant jusqu'à ce qu'un agent quelconque vienne la troubler, qui constitue l'affinité, ce qui revient à l'inertie admise par les physiciens. L'eau, par exemple, est un des intermédiaires propres à manifester les phénomènes de l'affinité dans la cristallisation des sels neutres, mais son entière évaporation en laisse tomber plusieurs en efflorescence; il faut en conclure que les acides ne s'unissent pas aux alcalis en vertu de la seule affinité, vu surtout que le même agent (l'eau), hors des proportions convenables, détruit, en les dissolvant, les agrégats qu'il avait servi à former. Ainsi, l'affinité ne produisant rien par elle-même, ne peut être invoquée comme une cause ou un principe d'agrégation spontanée, et moins encore de synthèse organique. Rigoureusement parlant, elle désigne seulement une parité de disposition naturelle entre divers élémens, pour se réunir et adhérer les uns aux autres dans des circonstances données, c'est-à-dire, dans l'occurrence d'une cause favorable à leur réunion, dont l'intervention est encore démontrée par la rencontre de corps étrangers dans les cristallisations salines, métalliques et pierreuses.

L'attraction, la répulsion, la gravitation et la compression désignent des effets et non des causes réelles, comme l'a expliqué Newton lui-même, qui nous en a principalement fait connaître les phénomènes. Je voudrais, dit-il, que, par le mot d'*attraction*, l'on entendît seulement une force quelconque qui détermine les corps à une tendance réciproque l'un vers l'autre, quelle que soit d'ailleurs la cause d'où il faille dériver cette force (1). L'attraction est donc en-

(1) Hanc vocem attractionis ita accipi velim, ut in universum solummodo, vim aliquam significare intelligatur, qua corpora ad se mutuo tendant, cuicumque demum causæ attribuenda sit illa vis. (Newton, *in Quæstionibus*, ad calcem *Optices*, p. 380.)

core, comme l'affinité, une force ou une propriété de convergence mutuelle, dont le principe ou la cause est en dehors de cette propriété. C'est un terme propre à désigner un ensemble de phénomènes semblables, mais ce n'en est pas la cause. Il en est de même de la répulsion, de la gravitation et de la compression. On ne peut dire que la gravitation est l'effet de la pesanteur, car elle n'est que la manifestation de la pesenteur elle-même ou le phénomène qui l'annonce. La gravitation se résout d'ailleurs en attraction concentrique, comme la répulsion en attraction excentrique, tandis que la compression est le produit d'une cause qui agit en sens inverse de ces différentes forces. Il n'y a donc rien dans ces différentes conceptions qui puisse donner l'idée d'un principe de création organique vivante. Quant à la sensibilité que l'on range au nombre des facultés vitales, ce n'est qu'une aptitude pour le mouvement sous l'influence d'un stimulant ou d'une excitation, et elle se résout encore en contractilité, puisque celle-ci est une aptitude au mouvement concentrique, par l'excitation. D'une seule et même chose, nous faisons souvent plusieurs choses différentes, en l'exposant partiellement ou en la présentant sous des points de vue variés.

Admettrons-nous, avec le professeur Blumenbach, qu'*il y a dans tous les corps organiques vivans, sans aucune exception, une force native particulière, toujours en activité, qui, au moyen de la génération, leur fait d'abord revêtir une forme déterminée et prévue, puis la leur fait conserver au moyen de la nutrition, et si elle vient à être mutilée, la leur fait reproduire jusqu'à un certain point?* Pour ne pas confondre cette force avec les autres espèces de la force vitale, il convient, continue ce professeur, de la désigner sous le nom d'*énergie formative*, par où je n'entends pas tant une cause qu'un certain effet constant et identique, déduit, comme on dit, *à posteriori*, de l'invariabilité et de l'universalité des phénomènes, à peu près de la même manière que l'attraction et la gravitation, qui nous servent à désigner certaines forces dont les causes nous sont pourtant également cachées (1). L'énergie formative du professeur

(1) In dies enim magis convincor, *inesse corporibus organicis vivis ad unum omnibus peculiarem vim ipsis connatam et quandiu vivunt perpetuo activam et efficacem, statutam ipsis et destinatam formam generationis negotio primo induendi, nutritionis post hac fonctione perpetuo conservandi, et si forte mutilata fuerit quantum fieri potest ope reproductionis iterum restituendi*; quam vim ne cum aliis vis vitalis generibus confundatur, *nisus formativi* nomine distinguere liceat : quo tamen nomine non tam causam quam effectum quemdam perpetuum sibique semper similem, *à posteriori*, ut dicunt, ex ipsa phænomenorum constantia et universitate abstractum insignire volui ; eadem fere ratione qua attractionis aut gravitatis nomine ad denotandas quasdam vires utimur, quarum tamen *causæ* etiam cimmeriis, ut dicunt, tenebris sepultæ lateant.

de Gœttingue n'est qu'une autre expression pour désigner la vie, dont un des principaux caractères est de faire revêtir, conserver et même réparer, en quelque sorte, une forme individuelle déterminée et prévue, lorsque le flambeau en a été allumé par la génération, et qu'il est entretenu par la nutrition. Mais à quoi peut conduire un parcellement des attributs de la vie, aux forces de laquelle nous devons non-seulement les formes, mais aussi l'assimilation, la locomotion, une appétence conforme à nos besoins, l'instinct, l'intellect, une résistance constante aux lois générales de la nature, en tant qu'elles sont contraires à notre économie particulière, etc. ? On n'explique point par là comment se fait le premier travail de la synthèse organique, en y fixant une nouvelle vie particulière, hors de la sphère d'activité d'une autre vie, comme il est certain que cela se fait dans la première évolution de l'œuf fécondé. Tout abstrait et tout profond que soit ce problème, l'on conçoit néanmoins que la contractilité qui, n'étant point permanente, suppose l'excitabilité pour marquer son réveil et ses retours, en constitue un des principaux élémens, et qu'elle est un moyen de résistance aux lois générales de la nature qui contrarieraient l'économie animale, dont elle ferme les portes à leur action. C'est même par la perte de la contractilité et de l'excitabilité, qui n'en est distincte qu'en ce qu'elle en marque le commencement et les retours, que la mort naturelle arrive dans l'extrême vieillesse, aussi bien que celle que cause une asphyxie prolongée, une hémorrhagie, une blessure, une maladie ou un poison.

L'on peut aussi induire des faits observés, que pour allumer et aviver le foyer d'une nouvelle existence individuelle, la nature choisit l'instant de l'orgasme vénérien, où un anéantissement extatique semble assoupir la vie de la mère par le silence de toutes les fonctions vitales placées hors du sentiment, puisque la conception est d'autant plus probable, que la sympathie des deux sexes a produit un abandon plus complet en faveur du sentiment, et que, pour le succès de l'imprégnation dans les animaux, les agronomes cherchent à étourdir la femelle par des affusions froides, la course, etc.

CHAPITRE VI.

Des divers systèmes imaginés sur les élémens de la synthèse organique.

Prétendre avec Vanhelmont que toute la matière séminale est dans la femme, et que l'homme y communique seulement l'archée, ou l'esprit vital, ce n'est plus, il est vrai, assimiler les principes générateurs des deux sexes, en les désignant sous la même dénomination ; mais c'est s'écarter de l'acception étymologique et usuelle, qui donne le même sens aux mots *sperme* et *semence*, dont elle fait le partage des mâles, outre que l'on tombe dans une hypothèse absolument dénuée de preuves, et même de vraisemblance ; car l'archée, désignant un principe purement imaginaire, n'est qu'un mot vide de sens.

J'aimerais encore mieux, hypothèse pour hypothèse, admettre que le mâle est idioélectrique et la femelle anélectrique, et que le germe ou l'œuf électrisé par le mâle, passe à l'état d'évolution vitale; parce que l'électricité n'est pas un être de fantaisie comme l'archée, et que les phénomènes qu'on lui prête pour les corps organisés vivans, se rencontrent dans les corps soumis aux lois générales de la physique. Mais pour faire rentrer cette dernière hypothèse dans la catégorie des rêves chimériques d'où elle sort, ne peut-on pas arguer qu'en électrisant des œufs non fécondés par un mâle, de même qu'en faisant accoupler des animaux d'espèces très-disparates il n'en résulte rien, quoique cependant l'on conserve alors toute sa puissance à l'électricité? Au moyen d'une chaleur modérée et soutenue, on peut suppléer à l'incubation pour faire éclore des œufs qui, à la vérité, doivent avoir été fécondés. Cela prouve que si le sperme n'agit pas uniquement comme principe d'électricité, il n'agit pas non plus uniquement comme principe de chaleur, mais encore comme un élément spécifique d'évolution vitale, élément qui n'est peut-être qu'un rudiment, ou une matière de première forme propre à chaque espèce d'animaux, et provenant indubitablement des deux sexes, avec quelque variété de composition pour une même destination, puisque les petits animaux présentent une sorte d'amalgame des caractères de leurs père et mère, non-seulement dans les mulets, mais aussi dans les individus de races franches. Si l'on avait un moyen d'isoler l'un de l'autre le calorique et le fluide électrique, il serait curieux de savoir si, en tenant des œufs fécondés dans une atmosphère soutenue de ce dernier fluide, l'on obtiendrait le même résultat que par la chaleur et par l'incubation : on arriverait, par cette expérience, à connaître si l'électricité est un moyen aussi indispensable que la chaleur pour le travail vital de la nature organique. Deusingius regardait la présence du calorique dans le sperme comme si évident, et comme si nécessaire dans la reproduction, qu'il a prétendu, dans une dissertation sur la génération du fœtus (*Genesis microcosmi, seu de generatione fœtus*), que le père ne contribue à la génération que comme le soleil à la production des plantes. Il assure aussi que la nature met plus d'un mois, chez les femmes, et chez les biches qui portent à peu près le même espace de temps, pour former les diverses parties ; et j'avoue qu'ayant examiné des avortons de quatre à cinq semaines, j'ai à peine pu distinguer à l'œil nu toutes les parties du corps, tant l'ébauche de quelques-unes était encore imparfaite. Le bourgeonnement du visage chez les adolescens et les adolescentes continens, de même que la croissance de la barbe et des poils, indiquée par le mot de *puberté*, que les lois romaines et les lois françaises ont fixée à quatorze ans pour les garçons et douze ans pour les filles, sont aussi des indices d'une augmentation de chaleur et d'électricité portées dans l'économie par la sécrétion des humeurs génitales. On peut aussi remarquer comme une preuve du rapport intime du calorique avec les fonctions génitales, que la faculté d'engendrer se développe en raison de la chaleur du climat.

Ne pouvant pénétrer le secret de la nature dans son mode d'organisation élémentaire, quelques naturalistes, tels que Bonnet, Spallanzani et autres, sous prétexte de résoudre la difficulté, l'ont reculée jusqu'à la création du monde, en supposant, avec Anaxagore, une préexistence de germes emboîtés les uns dans les autres, comme des poids à peser ; et, selon eux, la génération ne serait qu'une évolution successive de ces germes, que la première femme aurait tous portés pour les hommes nés et à naître, et ainsi de suite chez les autres animaux.

On a appuyé l'hypothèse de cette génération par emboîtement ou par évolution successive, sur la rencontre assez fréquente d'un citron dans un citron, d'un œuf dans un œuf, et sur un exemple d'une femelle dans une femelle, dont Auguste Otto a parlé dans une dissertation latine, imprimée en 1748, à Weissenfels, sous le titre de : *De fœtu puerpera, seu de fœtu in fœtu.* D'après ce système la matière devrait être divisible à l'infini, et il ne serait plus possible de varier les races, de produire des mulets ou métis, ni même de rencontrer des êtres originellement difformes, car, dans ce dernier cas, un petit bossu de germe, en viciant le moule, exposerait toutes les générations futures à la même difformité, ou à un déboîtement qui, par l'effusion de tous les germes ensemble, produirait un débordement de générations simultanées, à moins que le tarissement de toutes les sources de la vie n'en résultât. Comme le propre d'un rêve est de présenter des objets disparates et tronqués, les auteurs de celui-ci nous ont laissé ignorer, parce qu'ils ne l'avaient probablement pas rêvé, pourquoi l'évolution de ces germes est successive et non simultanée, et quelle est la cause qui en détermine et en règle si juste la mesure dans chaque femelle, pour qu'ils n'éclosent qu'un à un, deux à deux, etc., selon les espèces. Il n'est pas dit non plus dans ce rêve, pourquoi la même femme ne déboîte avec un mari que des germes femelles, et avec un autre que des germes mâles, et, selon les circonstances en déboîte tantôt un et tantôt plusieurs à la fois; ni si la stérilité des unes vient de ce que la boîte aux germes se brise ou se perd quelquefois, ni enfin comment cette boîte se répare ou se retrouve quand un second mari fait cesser la stérilité. Une autre difficulté qui s'attache à ce système, c'est de savoir comment il se fait que certains maris ne fécondent qu'une boîte, tandis que d'autres en fécondent plusieurs à la fois. « Nous connaissons, dit M. Virey (*Dict. des sc. méd.*, t. XVIII, p. 37), l'exemple de deux frères jumeaux qui ont eu de leurs femmes des jumeaux à plusieurs reprises, et la femme de l'un d'eux étant morte, sa seconde femme produisit aussi des jumeaux. » En voilà je pense plus qu'il ne faut pour invalider le système de l'emboîtement que Millin, comme nous l'avons vu précédemment, croyait avoir reconnu dans la reproduction du volvox.

La panspermie (1) rentre dans la même hypothèse, avec cette modification, qu'au lieu d'être emboîtés les uns dans les autres, les germes préexisteraient en molécules imperceptibles dans l'air, l'eau, la terre et toutes les substances alimentaires, seraient susceptibles d'assimilation, et ensuite capables de reproduire des êtres pareils à ceux auxquels ils auraient été assimilés. Avec un peu plus de simplicité, ou moins de divagation dans les idées, l'on aurait touché la vérité.

(1) Panspermie, des mots grecs παν, tout, et σπερμα, semence.

Il fallait seulement dire que tout être vivant jouit de la propriété de s'assimiler ses alimens, et que ceux-ci une fois assimilés peuvent devenir propriétaires des facultés qui ont opéré leur conversion.

L'opinion de Buffon qui admet des molécules organiques, soumises à un moule intérieur et transmissibles, toujours actives, toujours prêtes à s'assimiler et à reproduire des êtres semblables à ceux qui les reçoivent, est un débris du même système avec des variantes, toutes aussi fantastiques et toutes aussi dénuées de preuves et de vraisemblance que le fond.

Pythagore avait systématisé la génération dans une harmonie ou un rapport de nombres d'une figure triangulaire, sur chaque angle de laquelle se trouvait l'animal qui engendre, celui qui est engendré et celui dans lequel il est engendré. C'était, à la manière de certains physiciens allemands de nos jours, encombrer les avenues de la science par des fictions oiseuses, pour en rendre l'approche plus difficile.

Empédocle n'admettait point de génération véritable, mais il supposait une agrégation et une disgrégation d'élémens, d'où résultaient la vie et la mort. C'était transformer les effets en causes, sans rien expliquer, car l'agrégation d'élémens résulte de la vie sans laquelle il ne pourrait y avoir qu'une agglomération confuse et informe de parties dissimilaires, et la mort arrive quand les agrégats, devenus trop compactes et trop rigides, ne se prêtent plus aux mouvemens vitaux ou aux fonctions organiques. D'après Empédocle, le contraire ayant lieu, les agrégations et les disgrégations seraient des phénomènes sans causes.

Stahl, à la tête des animistes, avec Van-Helmont, occupait l'ame à former de nouveaux individus par des *idées séminales*, c'est-à-dire des conceptions de formes; et il expliquait les taches de naissance par les fantaisies de l'âme, que l'homme, selon lui, avait la faculté de transmettre au fœtus, avec ses qualités physiques et morales. Dans ce système, la formation des plantes et des animaux auxquels on refuse une ame a été oubliée, et on ne sait plus à la fantaisie de qui il faut attribuer leurs difformités. Tout le mérite de son auteur est d'avoir éludé l'explication de la génération, dont il confiait le soin à un agent incompréhensible pour lui comme pour nous, qu'il tenait en réserve pour toutes les difficultés qu'il rencontrait dans les phénomènes de la vie, en mettant hors de cour et de procès tous les êtres vivans sans âme, parce que le propre d'un rêve est de présenter des défectuosités et des incohérences.

Harvey se fondant sur l'impossibilité où est le mâle de porter le sperme jusqu'à l'ovaire, et sur l'existence du germe dans l'œuf non fécondé, en avait conclu que l'embryon existe dans l'œuf, et que tout animal en doit sortir, n'attribuant au sperme que la propriété d'en provoquer l'évolution, et rejetant tout autre mode de génération.

Quoi qu'il en soit, admettre des germes tout formés dans les œufs, avant la réunion des sexes, ce n'est pas prouver que la nature n'en forme pas encore plus facilement par suite de leur réunion, ni que les choses se passent dans les vivipares comme dans les ovipares. Swammerdam et Redi, adoptant la doctrine de Harvey, ont cherché à prouver qu'elle suffisait à résoudre toutes les questions sur les générations, et nous verrons plus tard jusqu'à quel point cela est vrai. Linnée lui a aussi fourni un point d'appui, en enseignant comme un principe qui a été admis par la plupart des naturalistes, que *le nombre des espèces est réglé sur celui des formes primitivement créées*. De là l'invariabilité des formes qui, renfermées dans le premier œuf de chaque espèce, se dériveraient d'œuf en œuf par des évolutions successives et infinies. En suivant d'un œil scrutateur les progrès de l'évolution d'un œuf, comme l'ont fait Malpighi et Haller, et en voyant se former successivement dans son germe vermiculaire un cœur, une tête, des yeux, des vaisseaux, des intestins, puis des membres, l'on ne répugnerait pas trop à adopter le même sentiment, qui avait séduit Spallanzini au point de lui faire croire la participation du mâle inutile, pour certaines générations, d'après des expériences tentées sur le houblon, les épinards, le chanvre et la mercuriale, dont il avait arraché les individus mâles et renfermé les femelles sous cloches, ce qui ne l'empêcha pas d'en obtenir des semences fécondes. Mais ce qui peut infirmer ses inductions, c'est que, outre la difficulté et l'incertitude d'un isolement capable de prévenir et d'exclure toute issue à la poussière fècondante, souvent imperceptible à l'œil, quand l'odorat en trahit la présence, d'autres naturalistes, tels que Moeller et Kaestner, ont vu et fait voir que les plantes dioïques deviennent fréquemment hermaphrodites, ce que Reichen a également démontré sur des fleurs d'épinard.

Cette opinion suppose la matière divisible à l'infini, et en accordant qu'elle le soit, ce que l'esprit ne peut pourtant concevoir, les variétés de formes produites par le croisement des races et des espèces, de même que par la différence des climats, de la nourriture et de plusieurs autres circonstances, seraient des phénomènes inexplicables et impossibles, aussi bien que les modifications génératives de la paternité, puisque chaque forme préexistant, telle qu'elle aurait été donnée à la création du premier œuf, ne pourrait subir d'autre changement que des évolutions successives. Si le sperme ne fesait que provoquer l'évolution du germe tout formé, sans entrer dans leur composition organique, les enfans ne reproduiraient pas les ressemblances physiques et morales qu'on leur reconnaît avec leur père ; ceux d'une même mère ne porteraient pas en eux la différence des maris qu'elle aurait épousés; les métis ne trahiraient pas les amours de deux races différentes, et l'agronome ne pourrait obtenir les qualités qu'il désire dans les mulets, ni améliorer les espèces par des croisemens bien ordonnés.

Or, comment admettre un mode de génération inconcevable pour la raison, et journellement démenti par la nature, qui se prête, non-seulement à l'industrie du jardinier, pour lui donner des variétés et des améliorations de fruits, ainsi que des hybrides par la greffe et la fécondation d'espèces voisines l'une de l'autre, mais aussi à l'industrie de l'agronome pour produire des mulets qui n'ont jamais tous les caractères de l'une des espèces productives et dont plusieurs sont inféconds, tandis que ceux qui ne le sont pas reprennent la nature de l'espèce primitive à la quatrième génération, quand la copulation des métis femelles continue à se faire avec un mâle de l'espèce franche ?

L'on ne connaît point encore toutes les possibilités réservées à l'industrie et au hasard, pour enrichir et varier le domaine de la nature par des productions végétales et animales; mais l'on sait que Koelreuter a obtenu la fécondation de chiennes par des renards; que les chardonnerets et les serins de Canaries se fécondent réciproquement et produisent des mulets aussi bien que les ânes et ânesses avec les jumens et les chevaux; qu'il naît des variétés de poissons, surtout dans les cyprins, autrefois inconnus dans certains étangs; que Gmelin a constaté que deux variétés de staphisaigre (*delphinium*), en avaient au moins produit six en Sibérie; que la même chose s'observe pour les chênes, les saules, les asters, les amarantes, les scabieuses et autres, sans parler de la conversion des organes sexuels en pétales dans les fleurs doubles; et que s'il naît des espèces et des variétés nouvelles, les fossiles que nous tirons du sein de la terre prouvent qu'il y en a aussi qui ont cessé d'exister et d'autres qui cesseront probablement encore, comme on peut le présumer, entre autres, des cèdres du Liban, qui deviennent toujours plus rares. Les fécondations végétales artificielles ramenèrent plus tard Linnée à l'idée que les espèces des plantes, autrefois moins nombreuses, s'étaient multipliées par leur mélange, opinion qui a aussi été adoptée par Bonnet et par le savant botaniste Wildenow; et ce qui vient encore à son appui, c'est qu'au cap de Bonne-Espérance, l'on rencontre près de deux cents espèces d'*erica*, plus de cinquante *stapelias*, cinquante *ixia* et *gladiolus*, cent *mésembryanthemum* et plus de soixante-dix *protea*, d'une si grande analogie, qu'on ne peut que difficilement leur appliquer des caractères distinctifs. M. de Lamarck n'admet dans les espèces qu'une invariabilité relative à celle des circonstances où se trouvent les individus qui les représentent, aussi bien dans le règne animal que dans le règne végétal. Aux preuves que j'ai déjà données dans mon *Traité de l'Imagination* et dans ma *Physiologie intellectuelle*, de l'empire des circonstances pour modifier les individus, les races et les espèces, en voici quelques autres concernant les animaux.

Le mouflon (*ovis fera siberica*, *vulgo argali dicta*, de Pallas, *ammon* de Linnée, *musimon* de Pline et Gesner), que l'on rencontre en Russie, en Syrie, en Sibérie, dans la Grèce, les îles de Corse, de Chypre et de Sardaigne, ressemble plus qu'aucun autre animal sauvage à toutes nos brebis domestiques, dont il est regardé par les naturalistes comme la souche primitive. Plus grand, plus vif, plus fort et plus léger qu'aucune d'entre elles, il ressemble au bélier par la tête, le front, les yeux, les cornes, toute la face et l'habitude entière du corps, et produit avec la brebis domestique, ce qui indique qu'il en est la souche ou le prototype, quoiqu'il en diffère en ce qu'il est couvert de poil et non de laine. Mais l'expérience apprend que la laine n'est qu'une production accidentelle, occasionée par le climat tempéré, et qu'elle ne peut être considérée comme un caractère essentiel, puisque ces mêmes brebis se couvrent de poils dans les climats chauds et que leur laine redevient rude comme le poil dans les pays très-froids. D'ailleurs, le produit de l'accouplement du bouc avec la brebis domestique est, selon Buffon, un agneau couvert de poil ou une espèce de mouflon qui n'étant point infécond, remonte à l'espèce primitive, et semble indiquer quelque chose de commun entre nos chèvres et nos brebis dans leur origine. Dans l'état sauvage, la laine serait arrachée ou perdue dans les broussailles. « L'on voit, dit Valmont-Bomare, *Dictionnaire d'histoire naturelle*, article *Bélier* et *Mouflon*, en Islande, des brebis à quatre et cinq cornes, à queue courte, à laine dure et épaisse, au-dessous de laquelle se trouve, comme dans presque tous les pays du Nord, une seconde fourrure d'une laine plus fine, plus douce et plus touffue, tandis que, dans les pays chauds, on ne voit ordinairement que des brebis à queue longue et à cornes courtes, couvertes les unes de laine, les autres de poils et d'autres de poils mêlés de laine. A Madagascar et aux Indes, le mouton d'Arabie est couvert de poils; il a une très-belle laine en Syrie, et la brebis d'Angora semble vêtue de soie. »

C'est ainsi qu'en Afrique les hommes ont de la laine sur la tête, et qu'en Europe ils ont de longs cheveux lisses, surtout au Nord. Pareillement les chèvres de Cachemire et du Thibet ont une fourrure bien différente de celle des chèvres d'Europe, qui paraissent moins dégénérées par la domesticité que les brebis, puisque le bélier est impuissant avec celles-là, et que le bouc ne l'est pas avec celles-ci. Les plus gros mouflons, ou moutons sauvages de Russie, approchent de la taille du daim. Ils se livrent des combats et sont doués dans la tête, qui est pourvue de grosses cornes recourbées en arrière, d'une force si prodigieuse, qu'on a vu un mouflon de la ménagerie de Chantilly, casser net un gros barreau de fer de sa cage, en voulant donner un coup de tête à un homme qui l'agaçait. Mais la force, la taille, la couleur ne sont point des caractères spécifiques, car la taille presque gigantesque des Patagons, la petitesse des Lapons, la force ou la faiblesse extraordinaires de quelques hommes, la couleur noire des Nègres ne les ont point fait exclure de l'espèce humaine. L'énorme différence de toutes les races de brebis n'est pas plus surprenante que celle que l'on remarque dans les autres espèces d'animaux, considérées sous des latitudes variées. En effet, les cochons sont blancs et haut-montés en Normandie, noirs en Savoie, d'un rouge-brun en Bavière; les uns ont trois ongles, et d'autres n'en ont qu'un; ceux qui ont été transportés à Cuba y ont acquis une taille du double plus grande. Les bœufs transportés au Paraguay ont éprouvé le même accroissement de taille; ceux du cap de Bonne-Espérance ont les jambes longues; ceux d'Ecosse les ont courtes; il y en a plusieurs qui sont sans cornes, comme en Angleterre, tandis qu'en Sicile ils en ont d'énormes. Les races des chiens et des chevaux offrent encore plus de différences. Ainsi l'invariabilité des races et des espèces est subordonnée à l'invariabilité des circonstances, et les modifications qui résultent de ces dernières ouvrent une vaste carrière à l'industrie agricole, pour l'amélioration et le perfectionnement des animaux utiles par le choix des étalons et des femelles, le croisement des races et des espèces les plus voisines, la nourriture, les abris, l'habitation basse ou élevée, la liberté, la contrainte, l'exercice, le repos et autres influences reconnues favorables au but de la propagation.

CHAPITRE VII.

De la capacité d'engendrer, du produit de la sécrétion sexuelle des mâles, et des causes hygiéniques de la fécondité en général.

La capacité d'engendrer plus précoce dans les pays chauds, et plus tardive dans les régions froides, ne se manifeste guère dans nos climats qu'à l'âge de 13 à 14 ans chez les filles, et à l'âge de 16 à 17 ans chez les garçons; elle cesse d'ordinaire vers 40 ans chez les femmes, et vers 60 ans chez les hommes. J'ai cependant accouché une femme de 50 ans, et il y a des hommes de 70 ans qui possèdent encore les moyens nécessaires pour engendrer. On lit dans Blumenbach, (*Med. Bibl.*, vol. 1, pag. 558 et ss.), qu'en Suisse une fille est devenue mère à neuf ans, et dans les *Mémoires de l'Académie de Paris*, (t. VII, in-8°, page 27), qu'une femme est encore accouchée à l'âge de 58 ans. Schurig rapporte dans sa *Spermatologie*, des exemples de capacité virile dans un âge extrêmement avancé; le plus étonnant est celui de l'Anglais Th. Parr, qui passe pour avoir vécu 150 ans, et qui, remarié à 80 ans, eut encore deux fils de sa dernière femme, avec laquelle il vécut 30 ans. Justinien a fixé la puberté des garçons à 14 ans, et celle des filles est fixée à 12 ans par le droit canon. Mais la nature ne se laisse point assujétir à des lois fixes. Selon l'Écriture sainte, Salomon engendra Roboam à l'âge de 12 ans, et Achaz engendra Ezéchias à l'âge de 10 ans. Venette rapporte que Jeanne de Peirie, en Gascogne, fit un enfant à la fin de sa neuvième année. « Cette histoire, ajoute-t-il, n'est point seule; je pourrais en rapporter beaucoup de semblables qui sont arrivées en France et dans les régions chaudes, si celle que nous a laissée par écrit saint Jérôme ne suffisait pas pour confirmer ce que je dis. Il nous assure qu'un enfant de dix ans engrossa une nourrice avec laquelle il coucha quelque temps. » Voyez *La génération de l'Homme*, ou *Tableau de l'amour conjugal*, etc., chap. III, art. 2. On peut dire, en thèse générale, que la capacité d'engendrer est l'apanage de l'homme dès l'instant et aussi longtemps qu'il éprouve des pertes de semence, ou a des pollutions, et que la fécondité des femmes commence et finit ordinairement avec les règles, sans que l'on puisse nier la possibilité de quelques exceptions hors de ces époques dans les deux sexes.

Metzer ne doute pas (*Gerichtl. Arzneiwissenchaft*) qu'un jeune homme de 14 à 15 ans, dont les parties génitales sont entièrement développées et dont la barbe commence à pousser, n'ait la capacité d'engendrer. La sécrétion prolifique coïncide, chez l'homme, non-seulement avec la croissance de la barbe et une pubescence plus marquée de toutes les parties du corps, mais aussi avec un développement et une activité plus manifestes de tous les organes, et un changement moral qui en est la suite; en sorte que la voix prend plus de volume et de gravité, les idées plus d'énergie et de ténacité, les forces plus de consistance, les penchans plus d'invariabilité, et toute l'existence intellectuelle plus d'extension dans l'avenir. A la même époque, il s'opère des changemens analogues chez les autres animaux qui deviennent aussi plus forts, plus courageux et aussi plus redoutables, en même temps qu'ils acquièrent des moyens d'attaque et de défense plus marqués. Une particularité dont Aristote avait déjà fait la remarque, c'est que la castration du cerf, avant la puberté, empêche la pousse de ses cornes ou de son bois, tandis que la même opération la favorise dans les bœufs. Il est prouvé

9.

aussi que la sécrétion du sperme rend la chair des animaux plus dure et plus tenace, et y développe un fumet ou une saveur particulière que l'on prévient par la castration.

Maintenant qu'est-ce que le sperme? Nous suffit-il de savoir que c'est une liqueur prolifique, sécrétée chez les mâles dans les *testicules*, corps arrondis contenus ordinairement au nombre de deux, dans une poche qu'on nomme *scrotum* ou *les bourses*, formés d'une quantité innombrable de petits vaisseaux provenant des artères spermatiques, et surmontés chacun par un *épididyme* ou une *parastate*, appendice oblong et presque vermiforme, dont une extrémité, *la tête*, reçoit dans dix ou douze conduits sortant de la partie du testicule appelé *sinus* ou *corps* d'*Hygmore*, le sperme que l'autre extrémité, *la queue*, verse dans le *canal déférent*, par où il arrive, ainsi élaboré, dans des *vésicules* dites *séminales*, sous l'extrémité inférieure de la vessie, près la prostate, où il reste en réserve jusqu'à ce que l'orgasme vénérien en détermine l'éjaculation au dehors, par l'intermédiaire d'un *conduit* très-court appelé *éjaculateur*, et du canal de l'urètre avec lequel il communique? Dans les animaux dépourvus de vésicules séminales, comme le chien, l'hyène, le loup, le renard et autres, la nature a pourvu à la prolongation de l'accouplement par le renflement du gland des mâles, et le resserrement du vagin des femelles, afin de favoriser par là la résorption du sperme, qui n'est distillé que goutte par goutte. Les auteurs qui ont traité de la génération ont parlé du sperme; tels sont, entre autres chez les anciens, Hippocrate, Galien, Aristote, et chez les modernes, Haller, Buffon et surtout Martin Schurig, médecin et physicien de la ville de Dresde, dans le siècle dernier, dont on peut consulter les ouvrages publiés sous les titres de *Spermatologia*, *Embryologia*, *Gynœcologia*, *Syllepsilogia*, etc.

Dans mille parties de sperme, analysées par M. Vauquelin, ce savant a trouvé 900 parties d'eau, 60 de mucilage, 10 de soude et 30 de phosphate de chaux. Dans la séance de l'Académie royale de Médecine de Paris, du 21 août 1827, M. Orfila a lu un travail sur les caractères distinctifs du sperme humain, relativement à la médecine légale, duquel il résulte que ce liquide tache très légèrement le linge; que chauffé, il prend une couleur jaune fauve; qu'humecté après dessèchement, il reprend son odeur spécifique qu'il avait perdue; qu'il se divise, au moyen de l'eau, en deux espèces de matières dont l'une y est soluble et l'autre insoluble; que celle-ci a une consistance glutineuse, moins adhérente toutefois que le gluten; qu'il n'est pas précipité de sa dissolution dans l'eau par l'acide nitrique comme le sont les autres humeurs animales; qu'on ne reconnaît pas au microscope les animalcules du sperme dans les taches qu'il forme sur le linge, en les humectant et en les dissolvant; mais que desséché sur le verre, ce fluide présente des animalcules immobiles, à la vérité, mais parfaitement reconnaissables à leur forme de têtards.

Le microscope et les analyses chimiques, dont toutefois je ne conteste pas l'utilité, ne me paraissent pas encore avoir établi les caractères qui distinguent le sperme des autres liquides animaux analogues, tels que ceux de la blennorrhagie, de la blennorrhée (*glead* des Anglais, et *nachtripper* des Allemands), du catarrhe de la vessie et de l'urètre, de la leucorrhée ou du *fluor albus* des femmes, des lochies blanches, des humeurs dont l'excrétion est provoquée par le coït chez les eunuques et chez les femmes, des suintemens lymphatiques, de la salive, de la bave des animaux, des sucs gastrique et pancréatique, de l'humeur de la prostate, du fluide nerveux, etc. Je ne connais aucun travail suffisant sur ce sujet. Cependant le sperme diffère de toutes ces humeurs, quelle qu'en soit la ressemblance, puisque lui seul est prolifique, et que d'ailleurs il est prouvé par l'expérience que tous les produits animaux s'altèrent et se décomposent, dès qu'ils ne sont plus soumis à l'empire des lois physiologiques. C'est ce qui arrive surtout au sperme que le contact de l'air rend plus liquide, en faisant confluer en une masse d'apparence homogène la partie transparente isolée dans la partie blanche ou opaque. Le microscope fait voir dans le sperme une infinité de globules plus alongés que ceux du sang, avec un appendice en forme de queue ou de pétiole, que Buffon croyait toutefois n'en point faire partie. Ces globules, auxquels les uns donnent et les autres refusent la forme de têtards, paraissent agités, non circulairement comme ceux du sang, mais par des oscillations vacillantes, puis droites ou ondulatoires, dans lesquelles Lœwenhoeck et Hartzoecker ont voulu voir des combats et d'autres merveilles. Livré au repos, à un air doux, il s'y forme une pellicule et des cristaux prismatiques quadrilatères, que Fourcroy et Vauquelin ont reconnus pour être composés de phosphate calcaire, tel qu'il abonde aussi dans les os, lequel, avec ses autres principes, semble indiquer une composition propre à fournir tous les élémens du corps. L'air le rend d'abord plus limpide et plus léger, puis il le racornit, en lui donnant une couleur légèrement fauve. Plus lourd que l'eau, il en gagne le fond. Encore récent, il colore en vert les sucs des plantes, et précipite les sels métalliques. L'air humide le rend acescent, et alors les cristaux qui en résultent changent de forme, et son odeur, plus pénétrante, imite celle du jasmin. Jusqu'à présent la vue et l'odorat nous en ont plus appris que tous les réactifs, car nous y voyons non-seulement deux humeurs très distinctes, dont l'une est transparente et comme vitrée, et l'autre est opaque et comme lactée, mais nous y percevons aussi une odeur spécifique qui n'est pas dans les autres liquides et qui se trouve également dans la fleur du dattier, du châtaignier, de l'épine-vinette, etc. Comment analyser des effluves incoercibles, comme l'*aura seminalis*, et obtenir le sperme sans mélange avec l'humeur de la prostate, le mucus de l'urètre et d'autres humeurs provoqués par l'éréthisme érotique? La forme de têtard, et même une forme quelconque avec des mouvemens, tels qu'en peut susciter le contact de l'air ou un fluide impondérable, suffisent-ils pour caractériser l'animalité, et n'est-ce point un acte de pure complaisance pour des opinions reçues, d'admettre des animalcules spermatiques de diverses formes, selon les espèces d'où ils proviennent, sur le témoignage de Leuvenhoeck et de Hartzœcker, qui pouvaient tout aussi facilement se faire illusion sur ce point, que sur les prétendus combats de ces soldats microscopiques? La vaporisation connue sous le nom d'*aura seminalis*, et son odeur, de même que ses cristallisations, sont des indices suffisans des mouvemens et des changemens que le sperme subit à l'air, mais point d'une vitalité propre aux différentes parties dont il se compose.

L'impossibilité d'une éjaculation de sperme qui parvienne jusqu'aux ovaires fait assez généralement croire que c'est la vaporisation ou *l'aura seminalis* qui détermine la fécondation, sans que l'on puisse assigner aucun rôle probable aux petits animaux qui s'y trouveraient. Je n'ai jamais eu d'assez bons microscopes pour découvrir des animalcules dans le sperme, ni dans aucun liquide animal immédiatement soustrait à l'action vitale des organes qui le sécrètent, et je n'en crois pas même l'existence compatible avec cette sécrétion. Je ne puis donc admettre avec Leuvenhœck et ses partisans, que les cercaires ou animalcules séminaux soient les rudimens du fœtus. J'admets dans le sperme des élémens de vivification et de première formation, qu'il serait inconséquent de considérer comme animalcules, sans leur accorder une évolution propre et distincte à chacun, d'où résulterait une infinité de fœtus. Spallanzani a d'ailleurs prouvé la futilité de cette opinion, en fécondant un grand nombre d'œufs de grenouille avec des particules très petites de sperme, délayées dans de l'eau, et entièrement dépourvues de prétendus animacules.

En quoi le sperme et l'humeur ou le suintement qui découle des tubes nerveux coupés diffèrent-ils entr'eux? Est-ce le même principe ou un principe analogue, comme on serait tenté de le présumer d'après la perte ou l'affaiblissement de la virilité dans les affections morales tristes, les maladies nerveuses prolongées, et la fatigue ou l'affaiblissement du snstème nerveux et des facultés intellectuelles par la masturbation, et par l'abus des plaisirs vénériens, à quoi on attribue aussi la maladie dorsale (*tabes dorsalis*) comme à sa cause la plus fréquente? En disant de l'abus de plaisirs vénériens qu'ils *énervent*, et de celui qui s'y livre qu'il est *efféminé*, n'a-t-on pas signalé un rapport entre ces deux principes? Il est prouvé aussi que le coït est hypnotique, et que rien n'est plus propre à réparer l'épuisement et la fatigue de l'organe de l'intellect et du système nerveux en général, que le sommeil qui en est le repos. Les anciens, Pythagore entr'autres, et son disciple Alcmœon, regardaient la semence comme une émanation du cerveau (σταξις του εγκεφαλου), et je citerai un passage d'Hippocrate qui exprime la même opinion, en ce qu'il fait descendre la majeure partie de la semence de la tête le long de la moelle épinière. Ils tiraient cette induction de la corrélation qui existe entre la capacité virile et la capacité intellectuelle. L'expérience prouve d'ailleurs qu'il y a une telle corrélation entre l'énergie intellectuelle et l'énergie générative, que les excès qui fatiguent l'une affaiblissent nécessairement l'autre, ce qui prouve que leurs organes respectifs se réparent par des principes analogues. Pour croire à une ressemblance entre le sperme et le fluide nerveux, il faudrait être bien certain de la réalité de ce dernier, dont a déjà parlé Clisson, et que tant de médecins ont admis après lui, tandis que son existence a été révoquée en doute par d'autres, et que de nos jours MM. Breschet et Raspail, après des expériences microscopiques faites dans le but de s'assurer si, comme le prétend le savant anatomiste Bogros, dans un travail présenté en 1828 à l'Académie de Médecine de Paris, les nerfs sont pourvus d'un canal central perméable aux injections, donnent comme conclusion de leur mémoire que « nul canal perméable n'existe dans la substance proprement dite d'un tronc nerveux; et ce n'est pas à l'aide d'un fluide appréciable à nos moyens d'observations que s'exercent la volonté et la sensibilité. » Cependant mes propres observations m'autorisent à regarder cette conclusion comme fausse, relativement à la moelle épinière qui a dans toute sa longueur un canal qui communique avec le cerveau.

La salacité et le développement extraordinaire et précoce des organes génitaux de certains idiots, par exemple des Crétins, serait-elle l'effet de la sécrétion du sperme en plus de ce que la sécrétion du fluide nerveux se ferait en moins? D'un autre côté, comment la castration et l'impuissance virile énervent-elles les individus et changent-elles leurs habitudes morales, en abattant surtout leur courage, au point que les Scythes devenus impuissans prenaient, selon Hippocrate, le parti de s'affubler de vêtemens de femmes et de partager leurs ouvrages, en vivant au milieu d'elles, après s'être livrés auparavant aux plus grandes entreprises et aux travaux les plus fatigans? Par un contraste frappant, on voit la presque nullité des facultés intellectuelles coïncider chez les Crétins avec une grande activité des organes de la reproduction, tandis que d'un autre côté la dégradation de ces organes chez les Scythes, les eunuques, est suivie de celle de l'intellect. Malgré ces rapports mutuels, il suffit que les organes sécréteurs diffèrent, pour que leurs sécrétions diffèrent aussi entr'elles. Ainsi le fluide nerveux n'est pas la même chose que le fluide spermatique; il n'en a pas non plus l'odeur ni la propriété fécondante. Toutefois, ces deux fluides ont beaucoup d'analogie entr'eux, telles que celles de vivifier, de produire la chaleur, la force, la vivacité, d'exhaler des effluves subtiles, d'être phosphorés, de ne pouvoir être épuisés sans que l'épuisement de l'un n'entraîne l'épuisement de l'autre, et enfin d'être sécrétés dans des prolongemens des artères très-déliés et ramifiés presqu'à l'infini. Quant à l'influence sympathique de la sécrétion de l'un sur celle de l'autre, elle prouve que les organes du corps sont comme les rouages d'une machine dont l'un ne peut se détraquer sans nuire à l'action des autres.

De quelles altérations le sperme est-il susceptible, car, n'en déplaise aux partisans exclusifs du solidisme, il peut s'altérer comme toutes les autres humeurs de l'économie animale, et l'expérience prouve qu'il s'altère en effet par les jouissances anticipées et abusives, les soucis, la diète ou le mauvais régime, la fatigue, l'âge, l'obésité et surtout la polysarcie abdominale. Dans toute ces circonstances, la sécrétion en est non-seulement moins abondante, mais il perd aussi de ses qualités, étant plus ou moins épais, stimulant et prolifique. Selon Heberden les jouissances trop fréquentes, en affaiblissant le corps et l'esprit, donnent souvent lieu à des pertes involontaires le jour et la nuit, auxquelles on peut opposer avec utilité des lotions froides et avec plus de succès l'abstinence, en évitant toutes les occasions propres à réveiller des désirs. Cet auteur dit avoir connu deux hommes dont le sperme était devenu brun, peut-être par la rupture d'une petite veine, sans que la persistance assez prolongée de cette couleur ait ultérieurement nui à leur santé (1). Employées le soir avant de se coucher, les lotions froides qu'il recommande deviendraient nuisibles, en produisant des érections suivies de pollutions durant le sommeil, et ce n'est qu'employées au lever et dans la journée qu'elles peuvent être utiles. Hippocrate a remarqué qu'une saignée pratiquée derrière les oreilles le diminue, l'affaiblit et le rend infécond. Il en dérive la source principale de l'encéphale et du système nerveux spinal qui est dans une relation si étroite avec la capacité générative, celle-ci étant toujours proportionnée avec le volume de la nuque et de la colonne vertébrale (2). Nemesius, adoptant la même opinion, enseigne (*De natura hominis*, c. XXV) que la semence se prépare dans l'encéphale, et que dérivant des veines placées

(1) Qui venereis voluptatibus præter modum dediti sunt, pœnas dant hujus intemperantiæ haud mediocri languore corporis animique afflicti. Semen his solet nimis prompte elabi, interdum etiam sine sensu, et noctu et interdiu... Memini duos mihi narrasse semen suum fuisse coloris fusci, quod forsitan factum est ex venula quadam rupta. Qualiscumque autem fuerit causa, hic color diutule persistit, illæsa horum virorum valetudine. (G. Heberden, *Commentarii de morborum historia et curatione*, cap. LXXX.)

(2) At qui juxta aures sectionem experti sunt, ii venerem quidem exercent, verum semen paucum, imbecillum et infœcundum emittunt, maxima si quidem seminis pars a capite secundum aures in spinalem medullam fertur. (Hipp., *de Genitura*, p. 232.)

derrière les oreilles, elle se distribue dans tout le corps, d'où elle arrive enfin dans les testicules; ce qui explique la stérilité causée par une saignée pratiquée derrière les oreilles. Les docteurs Gall et Spurzheim rattachent, dans leurs écrits sur le cerveau et les nerfs, l'énergie générative au cervelet, et citent beaucoup de faits à l'appui de leur opinion, en faisant voir que le renflement de la base de l'occiput, indice de celui du cervelet, coïncide avec une capacité virile proportionnelle. Ce n'est pas le seul rapport qui existe entre leur doctrine et celle de Nemesius, car celui-ci attribuait aussi des fonctions diverses aux diverses parties du cerveau.

L'observation semble avoir mis hors de doute, que les alimens succulens et délicats qui, sous un petit volume, fournissent une alimentation copieuse et salubre, tels que les poissons, la volaille, le gibier, les champignons, les truffes, les châtaignes, les œufs, le pain de froment, augmentent et bonifient la spermatose. Voilà pourquoi dans les contrées où règne l'abondance des bons alimens et particulièrement dans les villes maritimes, les habitations situées sur les bords des rivières, des lacs et partout où les peuples sont ichtiophages, la population prend un accroissement rapide, pourvu que la misère, l'oppression et les pratiques religieuses n'en contrarient pas les progrès, car l'expérience a prouvé que, sous un mauvais gouvernement et dans les années de disette, le nombre des conceptions diminue aussi bien que dans la pratique des jeûnes et des abstinences, et augmentent dans les circonstances contraires. Le docteur Villermé, à l'occasion des *Recherches statistiques sur la ville de Paris et le département de la Seine* qu'a fait publier le comte de Chabrol, a consigné, dans le *Recueil périodique* de juin 1827, des *Considérations sur la fécondité* etc., dont j'extrairai seulement les résultats suivans à l'appui de ce que j'avance. « Il résulte de mon travail, dit ce savant médecin, qui est fondé sur plus de 13,000,000 de naissances énumérées mois par mois..., que le très-petit nombre de naissances du mois de décembre, qui a pour neuvième antécédent le mois de mars, est l'effet des *abstinences* du carême. Une circonstance curieuse, c'est que le mois de mars devient progressivement chargé de plus de conceptions à dater de la fin du règne de Louis XV, c'est-à-dire à dater du temps où le relâchement s'est progressivement introduit dans les mœurs, et un changement dans les idées et les pratiques religieuses. Enfin le mois de mars, qui était autrefois le dernier dans l'ordre des conceptions, est maintenant le septième. Les mœurs du peuple, la mesure de ses opinions, sont donc quelquefois écrites dans les résultats de la statistique; il ne faut que savoir les lire. »

« Si l'on fait abstraction de la race des hommes, dit plus loin M. Villermé, du degré de latitude, de l'élévation du sol et du climat qu'ils habitent, voici la conséquence incontestable qu'il faut tirer des rapports adressés en 1812 et 1813 par beaucoup de préfets au gouvernement, d'après une série de questions qui leur avait été adressée par le ministre de l'intérieur Chaptal (1) :

« La taille acquiert d'autant plus de développement, il y a d'autant moins de réformes pour maladies et difformités, en un mot, les habitans offrent d'autant plus les caractères de la vigueur et de la santé, que le pays est plus riche, que les logemens, les vêtemens et surtout la nourriture, sont excellens, et que les travaux qu'on exige des jeunes gens sont moins rudes. Dans l'arrondissement de Brioude, département de la Haute-Loire, les cantons de Blesle et Auzon, distans au plus de deux myriamètres, forment deux chaînes de montagnes divisées par l'Allier. La chaîne de Blesle, recouverte d'une couche profonde de terre noire,

(1) Dans une petite brochure, que j'ai publiée et adressée, en 1804, à Bonaparte, alors premier consul, sous le titre : *Des moyens de perfectionner la médecine et d'asseoir les bases les plus sûres de la salubrité publique*, j'avais insisté sur le besoin d'une statistique médicale, etc., pour arriver à la connaissance des moyens de prévenir les défauts de taille, les difformités, etc., que j'attribuais en partie aux vêtemens, surtout aux bretelles non élastiques.

substantielle, propre à la culture des grains, nourrissant des bois vigoureux, de nombreux troupeaux, des bestiaux estimés, offre des hommes bien portans et d'une belle stature. L'autre chaîne, celle d'Auzon, ne présente au contraire, surtout dans la moitié la plus élevée, que des objets comme dégradés... une terre friable et légère, des récoltes médiocres, des bouquets de bois épars et rabougris, des animaux d'une assez chétive apparence, et des hommes, en général, d'une petite stature et peu vigoureux. On a compté sur 100 conscrits, 26 réformes seulement dans le canton riche de Blesle, et jusqu'à 58 dans le canton pauvre d'Auzon, et chaque année a offert, dit M. le préfet dans son rapport, à peu près le même contraste. »

Voilà quelques-unes des importantes observations rapportées par le docteur Villermé, et ces observations se multiplieraient sur tous les points du globe, si on savait les recueillir.

Ainsi, que la Grèce devienne libre et riche, comme doivent le souhaiter tous les hommes dignes de l'être eux-mêmes, et la population croîtra, comme celle des États-Unis de l'Amérique septentrionale, ou comme a crû celle des environs de Genève qui est la contrée de l'Europe où il se trouve le plus de monde sur une surface donnée. C'est donc une contradiction entre le physique et le moral, de soumettre au célibat la portion du peuple qui, avec le moins de fatigue et de soucis, jouit encore du régime alimentaire le plus succulent et le plus recherché, et dont les abstinences ne consistent que dans un changement et souvent un raffinement de mets délicats. C'est aussi une contradiction de principes ou tout au moins une inconséquence de la part de nos moralistes les plus rigides, de se permettre à eux-mêmes les sensualités de la table beaucoup plus contraires à la chasteté que l'amusement de la danse qu'ils interdisent aux jeunes gens, les jours de repos, au profit des cabarets et des rendez-vous isolés.

J'ai remarqué dans ma pratique, que c'était les mois de mai, juin et septembre, où j'avais à faire le plus d'accouchemens à la campagne. Le relevé des enfans nés à l'hospice d'accouchement de Copenhague m'a donné un pareil résultat, et, selon Vargentin, c'est aussi au mois de septembre qu'il naît le plus d'enfans en Suède; d'où il est permis de conclure que l'abondance de l'automne et la bonne chère du carnaval ne sont point sans influence sur la fécondation chez le peuple. Dans les villes et en général dans les classes aisées et opulentes, c'est en décembre et en janvier qu'il naît le plus d'enfans, selon quelques observateurs; ce qui ferait coïncider les conceptions avec le printemps, déjà indiqué par les anciens comme l'époque la plus favorable aux amours, et une saison de revivification générale.

Un procès, une maladie de langueur, un âge avancé, s'il n'arrive un changement en mieux dans ce dernier cas, suspendent, affaiblissent ou annulent la virilité, en sorte que dans ces circonstances la fécondité est moindre, et produit des filles ou des garçons faibles et malingres. Est-ce parce que le pain azyme est aphrodisiaque, comme le pensait Didymus, ou à cause de l'ablation du prépuce, que la nation juive est si populeuse. Si c'est en vertu de ces deux causes, il est à présumer que la fermentation change ou détruit en partie les propriétés du gluten céréal avec lequel, selon M. Orfila, la partie glutineuse du sperme offre tant d'analogie. Néanmoins, le sarrasin qui augmente la fécondité des gallinacés, et auquel on a cru pouvoir rapporter aussi celle des femmes de la Sologne où il est fort en usage, contient fort peu de gluten comparativement au froment; d'où il faut conclure que le gluten céréal, pour être analogue au gluten spermatique, n'est pas le seul principe qui rende les alimens plus ou moins aphrodisiaques. Il doit y avoir dans le sarrasin, à en juger par l'attrait qu'ont les abeilles pour ses fleurs, un principe analogue au miel dont l'usage, selon Démocrite, Lycus et autres, est un moyen de longévité et par conséquent de vigueur. Le chenevis, et, en général, les semences oléagineuses sont aussi propres à augmenter la fécondité des animaux. Les prêtres de l'Égypte s'abstenaient anciennement de manger du pain salé, soit parce que le sel est aphrodisiaque, comme semblent l'indiquer le terme de *salacité* et sa propriété digestive, ou parce que le sel étant un des assaisonnemens les plus agréables et en même temps d'une privation assez facile, ils voulaient, comme le pense Plutarque, s'en priver par mortification. Si ce condiment est aphrodisiaque, toutes les salaisons le seraient plus ou moins.

Les aphrodisiaques qui favorisent la spermatose, et mettent, comme on dit vulgairement, de l'huile dans la lampe, ne doivent pas être confondus avec ceux qui, simplement excitans, tels que les cantharides, les scarabées, le musc, le castoreum, la cannelle, la vanille, le galanga, le gingembre et autres épices chaudes, provoquent seulement à l'épuiser; car les excitations anticipées, exigeant plus d'efforts que les naturelles, amènent nécessairement la fatigue et la souffrance de tout le corps, même la nullité virile, en forçant l'économie vitale à dépenser plus qu'elle ne répare; ce qui n'arrive pas quand elle n'est privée que de son superflu. La roquette *(eruca)*, les asperges, les diurétiques, les emménagogues échauffans, et en général toutes les substances qui portent de l'irritation et de la chaleur dans les voies urinaires sans affaiblir, peuvent être regardés comme des excitans érotiques. C'est la roquette dont la vertu aphrodisiaque est peu marquée et paraît même chimérique à Gilibert, que le vers suivant de Virgile présente comme un stimulant de l'amour :

> Intybaque et venerem revocans eruca morantem.

On peut ranger dans la même catégorie les tubercules mucilagineux et féculens, les racines âcres et chaudes, telles que les alliacées auxquelles il faut rapporter les deux vers suivans où Martial conseille de manger des racines bulbeuses pour suffire aux ébats amoureux.

> Qui præstare virum cypriæ certamine nescit,
> Manducet bulbos et bene fortis erit.

L'espèce de lycopode, appelé *tana-pouel* dans l'*Hort. Malabar.*, est regardé dans les Indes comme un excellent aphrodisiaque que l'on célèbre dans toutes les fêtes où préside l'amour.

Qu'était-ce que le dudaim de la Bible, que Ruben cueillit dans les champs au temps de la moisson des blés, et auquel Rachel crut devoir le bonheur d'être mère? M. Virey, en traitant *des médicamens aphrodisiaques*, dans une brochure in-8°, publiée en 1813 chez Colas, à Paris, cherche à établir que c'était un satyrion (*orchis*) famille de plantes qui doit son nom générique, non à ses propriétés, mais à la forme de ses racines, dont on tire une nourriture légèrement analeptique, confortante, sous le nom de salep, et prouve que la mandragore donnée pour le dudaim par les *Septante* et la *Vulgate*, l'historien Josèphe, plusieurs pères de l'Église, les rabbins et beaucoup de savans, n'a pas la bonne odeur ni les autres qualités attribuées à ce dernier dans le *Cantique des Cantiques*.

On doit savoir gré à M. Virey de ses savantes recherches, sans ajouter trop de foi à la vertu aphrodisiaque des orchis, que l'observation, dit Vitet (*Matière médicale réformée*), fait révoquer en doute, et sans prendre à la lettre ce que nous ont légué les Hébreux, qui mettaient souvent dans les objets les créations de leur imagination poétique, et transformaient en merveilles ou miracles les événemens naturels dont ils ignoraient la cause; et au degré de civilisation et d'instruction où ils étaient, les merveilles devaient se multiplier chez eux. Avec de l'ignorance et de la prévention il s'opère des miracles partout : en Egypte par la racine de colocasie, de la famille des aroïdes; en Chine par le genseng, au Japon par le ninsi; au Kamtschatka par les araignées que les femmes mangent pour faire cesser la stérilité; en Espagne par les pratiques superstitieuses; en France par les sangsues et la diète qui, *physiologiquement* employées, guérissent de tous maux. Il y a toujours eu trop de femmes intéressées à la conservation d'un moyen aussi précieux que l'aurait été le dudaim, pour que la connaissance ait pu s'en perdre, si sa vertu eût été bien réelle. L'histoire ne dit pas qu'Anne d'Autriche, après une stérilité de plus de 22 ans, soit devenue mère de Louis XIV par l'efficacité merveilleuse de quelque plante. Mais nul doute que, s'il y en avait une plus particulièrement en réputation de faire cesser la stérilité, toutes les femmes devenues mères après son usage ne lui attribuassent une grande vertu, quand même elle n'en aurait aucune, d'après le raisonnement *post hoc, ergo propter hoc*.

L'usage des bains, en donnant à la peau plus de propreté, de souplesse et de blancheur, invite à l'amour et favorise la reproduction. Le docteur Larrey rapporte, dans ses *Mémoires de Chirurgie militaire* (tom. II, p. 313), que plusieurs femmes attachées à l'armée d'Égypte, n'ayant point eu d'enfans en Europe, sont devenues enceintes en faisant usage des bains, qui sont très-communs sur les bords du Nil. Cependant cette propriété des bains qui est réelle, puisqu'on la remarque aussi par les effets des eaux thermales en général, et particulièrement de celles de Plombières, de Vichy, de Sylvanès et autres, a aussi été attribuée, non sans fondement, à la beauté, à la douceur du climat d'Égypte, non-seulement parce que les femmes y ont souvent deux enfans, mais aussi parce que les autres espèces d'animaux y multiplient beaucoup. Une opinion moins vraisemblable, accréditée par des historiens et des voyageurs, a placé une propriété fécondante dans les eaux du Nil ; et M. Murat dit, dans le *Dict. des Sciences méd.* (tom. XIV, p. 47, article *fécondation*), tenir du docteur Renoult, ancien chirurgien de première classe à l'armée d'Orient, qu'aussitôt qu'on fut instruit du retour du général Desaix à Toulon, sur un bâtiment ragusain, un grand nombre de femmes se présentèrent au lazaret, pour acheter du capitaine le reste de sa provision d'eau du Nil. L'on ne peut douter que la fecondité des hommes ne tienne aux mêmes influences que celle des femmes, c'est-à-dire à une exubérance de vitalité et de bien-être. Ainsi, lorsqu'il y a impuissance ou stérilité par relâchement ou faiblesse, les toniques et tout ce qui tend à réconforter deviennent aphrodisiaques. Selon Haartmann (*Mém. de l'Académie des Sc. de Stockholm*, 1802), l'extrait de la camomille, plante riche en principes toniques, volatils et phosphoriques, donné en teinture avec l'eau qui en est distillée, a eu un plein succès, après l'usage infructueux de beaucoup d'autres moyens, chez un homme épuisé par la masturbation, ainsi que chez deux femmes épuisées, l'une par des couches fréquentes, et l'autre par des pertes réitérées. Je ne range pas au nombre des aphrodisiaques des moyens qui, tels que les cantharides, ont une action purement stimulante sur les organes génitaux, parce qu'en provoquant à contre-temps au coït, ils énervent et usent sans fruit les ressorts et les ressources de la nature.

S'il est des substances qui, par leur nature, augmentent les moyens de génération, en en provoquant l'emploi, il en est aussi qui, par une action contraire, en répriment l'exubérance ; tels sont les acides, les fruits rouges, les légumes herbacés, et en général les alimens grossiers, réfrigérans et peu succulens, et plus particulièrement le camphre, le café, et même le vin pris avec excès : malgré le proverbe qui dit que *sans pain et sans vin, l'amour se transit* (*sine Cerere et Baccho friget Venus*), l'expérience prouve que les buveurs d'eau engendrent plus que les ivrognes. Tout le monde connaît ce vers latin, devenu proverbe, dont le sens est que l'odeur du camphre réprime la masculinité.

Camphora per nares castigat odore mares.

Ce qui est moins anciennement connu, c'est

que le grand usage du café porte un égal préjudice aux nerfs et aux organes de la génération ; et en cela l'on peut reconnaître un nouveau trait d'analogie entre ces deux appareils organiques. Reste à savoir si c'est en accélérant la circulation humorale par une forte excitation du système nerveux, que cette liqueur, appelée *intellectuelle* par Voltaire et Delille, dissipe les principes du fluide nerveux et du sperme, comme cela est probable, ou si, en donnant plus d'intensité à la génération de la pensée, elle détournerait l'influence de l'encéphale du domaine qu'il exerce sur les organes de la nutrition et de la reproduction. Ce pourrait être de l'une et de l'autre manière. Le savant Murray remarque qu'il ne faut pas attribuer au café trop d'avantages pour la nutrition, puisque, par un usage copieux, il produit l'amaigrissement, et qu'il en peut résulter l'impuissance virile; ce à quoi se rapporte ce que l'on raconte d'une femme du sultan Mahmed, qui, voyant châtrer un cheval, eut horreur de la manœuvre, qu'elle empêcha en ordonnant de faire prendre au cheval du café, dont elle avait éprouvé l'efficacité sur son mari (1).

(1) Tanto minus in nutriendo commodum inde speres, cum largior ejus potus emaciet, ut inde etiam impotentiæ virili obnoxii evaserint. Quo et narratio de consilio conjugis sultani Mahmed spectat, quæ equum castrari cernens, ab horrenda encheiresi jussit abstineri, et

On a fait l'expérience que le seigle ergoté rend les poules stériles. Est-il présumable qu'il ait une action analogue sur d'autres espèces? Puisqu'il facilite l'accouchement, et semble provoquer l'avortement chez les femmes; qu'il produit, chez ceux qui en usent, l'ergotisme, maladie caractérisée par le refroidissement des extrémités inférieures, la douleur, l'impotence, et finalement par la gangrène et la chute des membres, si l'on ne se hâte d'y opposer un traitement convenable, et particulièrement l'usage du quinquina, dont le docteur François a obtenu de bons effets contre ce mal, on doit croire que cette même substance exerce aussi une influence défavorable sur la reproduction dans l'espèce humaine.

Le nénuphar (*nymphea*) a-t-il la propriété qu'on lui attribue, d'amortir la concupiscence? Pour répondre à cette question, je me contenterai de citer le passage suivant des *Démonstrations élémentaires de Botanique* (4e édit., t. II, p. 247), de Gilibert, auteur judicieux, dont les observations méritent toute confiance : « Le mucilage de nymphea n'est point inutile dans l'hémoptysie, le vomissement de sang, les pollutions nocturnes, les gonorrhées, les ardeurs d'urine; relativement

equo cafœum propinari, cujus efficaciam in marito exploratam haberet. Murray, *Apparatus Medicam.*, t. 1, p. 567.

à sa vertu d'éteindre les désirs vénériens, de rendre incapable d'engendrer, nous avons connu un jeune homme qui, ayant bu pendant un mois de la tisane de nymphea, devint absolument impuissant; nous en avons connu d'autres qui n'ont rien éprouvé. D'ailleurs, nous savons qu'on a fait du pain avec cette racine, qui n'a point énervé ceux qui en ont mangé; car elle contient, outre un principe résineux, amer, une grande quantité de substance muqueuse nutritive. Cette racine desséchée peut fournir une abondante nourriture aux bestiaux, ayant des tronçons plus gros que la jambe. »

L'on a remarqué que les enfans de Socrate, de Chrysippe, de Périclès, de Thucydide, de Cicéron, de La Fontaine, de Henri IV, de Crébillon, de Buffon, de Cromwell, et de plusieurs autres hommes illustres, ne ressemblaient pas à leur père, et qu'en général les grands génies et les grands talens se rencontraient dans les bâtards et les enfans d'hommes ordinaires; d'où l'on a voulu conclure qu'un amour attiédi par les occupations intellectuelles, le peu de sympathie des époux et la tension du système nerveux, nuisaient à la reproduction. Cela peut être fondé jusqu'à un certain point; mais ces causes pouvant agir sur les hommes ordinaires comme sur les hommes célèbres, il ne faut pas leur accorder une influence exclusive; en réfléchissant surtout, qu'indépendamment des circonstances fortuites, l'éducation qui pourrait réveiller les talens les assoupit parfois, si même elle ne les rend nuls par des idées ascétiques et par des inclinations et des habitudes d'emprunt, substituées aux penchans naturels. Néanmoins, Cimon était fils de Milthiade; Alexandre-le-Grand, fils de Philippe, roi de Macédoine; Titus, fils de Vespasien; Pepin-le-Bref, fils de Charles Martel et père de Charlemagne; Amurat II, fils de Mahomet I et père de Mahomet II; et tous ces hommes avaient du génie et de grands talens. Joseph-Juste Scaliger ne s'est-il pas distingué à peu près à l'égal de son père Jules César, par une grande érudition et d'autres qualités? N'a-t-on pas vu deux Schenck, père et fils; deux Riolan, père et fils; deux Racine, père et fils; deux Mirabeau, père et fils, etc., s'illustrer par des talens analogues, et prouver que le proverbe *tel père, tel fils* (*qualis pater, talis filius*), n'est pas toujours démenti par le génie. Il faut d'ailleurs considérer que les enfans ne peuvent hériter des qualités d'un seul de leurs parens, et que l'amour étant aveugle, ne place pas toujours, dans le même lit nuptial, le génie à côté du génie, parce que la beauté physique lui convient mieux que la beauté intellectuelle. D'ailleurs, les travaux de l'esprit portent préjudice aux digestions, et par consequent à l'entretien et à la réparation des forces, sans compter qu'une sobriété en quelque sorte forcée, l'usage abondant du café, et d'autres circonstances variables, peuvent aussi avoir leur degré d'influence, pour que la fructification physique manque chez les hommes de génie, ou ne soit pas en rapport avec la fructification intellectuelle. Tandis que le savant se consume dans l'étude et les veilles, l'homme ordinaire n'ayant d'autre souci que de bien vivre, et de choyer autant que possible sa propre personne, puise dans les plaisirs de la table et dans les récréations sociales, une exubérance de vitalité. Ainsi, il ne faut pas s'étonner si

Le fils d'un butor
Vaut souvent son pesant d'or.

Puisque, selon La Fontaine,

Un muletier à ce jeu vaut trois rois.

N'oublions pas, toutefois, que souvent les filles ressemblent plus à leur père, et les fils plus à leur mère; ainsi, quand les qualités d'un père disparaissent dans ses fils, elles se retrouvent ordinairement dans ses filles; et il n'arrive guère que le fils d'un butor vaille son pesant d'or, s'il n'en est redevable à sa mère. L'histoire atteste qu'Aristippe se vit revivre dans sa fille Arété, et celle-ci dans son fils Aristippe; que Théon eut dans Hyparcie une fille digne de lui ; que Platon descendait par les femmes de Solon; que Hortensia, fille du célèbre orateur Hortensius, plaida avec un grand talent la cause des dames romaines devant les triumvirs; que Caton d'Utique, qui se fit mourir plutôt que d'obéir à César, était père de Porcie, qui, pour éprouver son courage, s'enfonça un fer dans la cuisse et se suffoqua ensuite par des charbons ardens, pour ne pas survivre à Brutus, lequel était fils de la sœur de Caton; que la mère des Gracques était fille de Scipion; qu'Agrippine était mère de Néron; que Catherine de Médicis, qui conseilla et prépara la Saint-Barthélemi, eut pour fils Charles IX, qui tira sur ses sujets, et Henri III, qui fit assassiner les Guises. Henri IV eut le courage de sa mère Jeanne d'Albret et de son aïeule Catherine de Foix, qui, chagrine de la perte du royaume de Navarre, par l'indolence de son mari, lui disait : *Don Juan, mon ami, si nous fussions nés, vous Catherine et moi don Juan, nous serions encore rois de Navarre.* Henriette de France montra la bonté et le courage de son père Henri IV, pour secourir Charles Ier, son époux. Henri VIII, roi d'Angleterre, qui fit mourir deux de ses femmes, transmit sa cruauté à Marie et à Elisabeth ses filles, et point à Edouard son fils ; les deux fils de Cromwel furent doux et humains comme sa femme ; et ses filles, surtout l'aînée, furent exaltées comme lui. Le grand Dauphin ressemblait à sa mère Leczinska, fille du bon roi Stanislas, et point à Louis XV. Il est donc prouvé que les vices et les travers des parens, de même que leurs vertus et leurs talens, passent ordinairement, avec leur physique, à leurs descendans de l'un et l'autre sexe, quelquefois en se mitigeant par la différence de l'éducation, des positions, des temps et des mœurs, et en se reproduisant après une ou deux générations.

Est-il démontré que par la gêne et le froissement des parties génitales, l'équitation conduise à l'impuissance, comme on a cru pouvoir l'inférer de l'exemple des Scythes, des Arabes et des Tartares, en s'appuyant d'un passage de la fin du livre *De aere, locis et aquis*, d'Hippocrate, sur les premiers de ces peuples ? Si l'exercice du cheval produit cet effet, ce ne peut être, je crois, que d'une manière indirecte, c'est-à-dire en affectant d'autres parties que celles de la génération, qui n'en souffrent pas directement ; par exemple, en produisant l'obésité, la polysarcie abdominale, des congestions cérébrales, la sciatique, la lombagie, et d'autres affections qui peuvent être la suite de la constipation ainsi que du refroidissement, de la torpeur et de l'inaction des extrémités inférieures. Aussi n'est-ce qu'aux effets indirects de l'équitation et au traitement des maladies qui en résultent, que l'on peut appliquer le passage d'Hippocrate, dont a voulu s'appuyer le docteur Murat, à l'article *Fécondation*, du tom. XIV du *Dict. des Sciences méd.*, p. 477 et ss. en s'exprimant ainsi : « Les organes spermatiques froissés, comprimés par l'exercice du cheval long-temps soutenu, sont quelquefois réduits à un état de nullité. La maladie dont étaient affligés les grands, parmi les Scythes, tenait à cette cause. » (*Cur multi Scytharum eunuchi, ac ad coitum impotentes.* Hippocrat. *De aere, locis et aquis*, cap. XV.) « Hippocrate ne dit pas cela. Voici comment il s'explique : « La plupart des Scythes deviennent eunuques, impuissans et efféminés, parce que, affectés de congestions et de claudication par coxalgie, à cause de leurs continuelles équitations, ils se traitent en ouvrant les deux veines de derrière les oreilles. C'est par ce traitement qu'ils se perdent ; car c'est à côté des oreilles qu'il y a des veines dont la section entraîne la stérilité (1). » Le docteur Virey s'est également

(1) Plerique Scythæ eunuchi fiunt, et evirati et effeminati evadunt, eo quod ex de fluxione (κεδματα) ob diuturnas equitationes laborantes, et circa coxendicem claudicantes sibi ipsis medentur utramque venam post aures incidendo. Hac enim curatione seipsos perdunt; juxta aures venæ quippe sunt, quæ incisæ sterilitatem inducunt. (Hipp., *De aere, locis et aquis.*)

mépris sur le sens de ce passage, en disant, (même vol., pag. 497, article *Fécondité*) : « Tandis que les cavaliers, d'après Hippocrate, deviennent quelquefois stériles, parce que leurs organes sexuels sont comprimés, et comme froissés par l'habitude de l'équitation. » Il est vrai que M. Virey oppose, immédiatement à l'opinion qu'il prête à Hippocrate, la phrase suivante : « Si l'on ne remarque pas un pareil effet aujourd'hui, c'est que nos cavaliers ne montent point à cru et les jambes pendantes, sans étriers, comme faisaient la plupart des Scythes dont Hippocrate a parlé. « Il aurait fallu ajouter, pour comprendre la différence, que la saignée, chez nous, ne se pratique pas derrière les oreilles. Dans les *Nouveaux élémens de la science de l'homme* (2e édition, pag. 17), Barthez donne au même passage une interprétation différente, qui n'est pas encore exacte, en s'exprimant ainsi : « Un rapport de sympathie qui est moins connu, quoiqu'il ait été indiqué par un très-grand nombre de faits, est celui que les organes de la génération ont souvent avec les oreilles. Hippocrate a parlé d'une maladie qui était particulière aux hommes riches chez les Scythes. Il assure que ces hommes, par des excès d'équitation (d'autant qu'ils allaient à cheval sans étriers) et probablement aussi par d'autres causes, tombaient dans un état d'impuissance qui était confirmé pour toujours, lorsqu'on les traitait sans succès par des évacuations abondantes de sang faites au moyen de scarifications derrière les oreilles. » Hippocrate admet un rapport de sympathie des organes de la génération, non avec les oreilles, mais avec la tête, par l'intermédiaire de la moelle spinale; il n'assure pas que les Scythes tombaient dans l'impuissance par des excès d'équitation, il dit que c'était par la saignée pratiquée derrière les oreilles, et non par des scarifications, puisqu'il spécifie la section de deux veines (*utramque venam*). Il y a loin de tout cela à ce que lui fait dire Barthez, qui indique comme un moyen curatif, dans Hippocrate, ce que celui-ci blâmait, et regardait comme la cause du mal. Confrontez mes deux dernières citations d'Hippocrate, puis jurez sur la foi de ceux qui font parler les auteurs!

M. Virey dit (*ibid.* p. 491) : « Une humidité médiocre paraît donc rendre les êtres plus féconds; aussi les mollusques, les poissons, les reptiles qui vivent dans l'humidité, sont plus féconds que les oiseaux ou les quadrupèdes vivant dans les lieux secs. Le cochon, les oies et canards qui cherchent l'humidité, font même beaucoup plus de petits que les autres espèces qui fuient l'eau. La femme aime l'humidité : une complexion molle et lymphatique, sans excès, paraît la plus favorable à l'imprégnation; il s'ensuit donc que les pays les plus féconds sont les lieux bas et plutôt humides que trop secs. Les lieux maritimes sont ordinairement féconds par la même cause. »

M. Virey se trompe ou avance au moins un paradoxe qui prête beaucoup à la contradiction, car l'humidité par elle-même produit le relâchement et le refroidissement, deux effets qui ne sont nullement aphrodisiaques. Comme les gros poissons mangent les petits, la nature a dû y pourvoir par une multiplication capable de conserver l'espèce. Mais une mère abeille, les papillons, et en général les insectes qui ne recherchent nullement l'humidité, multiplient extraordinairement, au point qu'en 1825, année chaude et sèche, il y eut tant de chenilles, qu'à la fin de mai il ne restait presque pas de feuilles dans la plupart des forêts de la Meurthe et des Vosges. On a calculé, dit M. Duméril, pag. 158 de son *Traité élémentaire d'histoire naturelle,* qu'une paire de charançons du blé peut, dans l'espace de cinq mois, avoir donné naissance à six mille quarante-cinq petits. Il est vrai que Bonnet a compté jusqu'à 100,000 œufs dans une morue, mais Réaumur en a compté jusqu'à 200,000 dans un seul papillon. La fécondité des animaux semble réglée en partie sur leur destination et en partie sur leur perfection; en sorte que les moins parfaits, qui en même temps sont destinés à une destruction plus prompte ou plus générale pour l'usage des autres créations, sont les plus féconds. Les chiens, les chats, les rats, les loirs, les perdrix, les poules, qui ne sont pas aquatiques, sont bien aussi féconds que les cochons, les oies et les canards. On ne remarque pas qu'il y ait plus de naissances dans les années humides et pluvieuses que dans les années sèches, toutes choses étant égales d'ailleurs. Si les pays humides, c'est-à-dire bien arrosés, sont plus populeux, c'est à cause que, par la facilité des communications, le produit des rivières et la bonté du sol, ils procurent une nourriture plus abondante et plus variée que les lieux secs, pierreux et arides, ce dont M. Virey est convaincu, puisqu'il dit, *ibid.* pag. 493 : « En tout pays, le nombre des consommateurs augmente ou diminue en proportion des alimens qu'ils y trouvent. Voyez les années d'opulence et de fertilité, tout pullule, hommes, bestiaux, insectes. » Si les lieux maritimes sont ordinairement féconds, M. Virey en assigne une cause plus réelle que l'humidité dont l'excès nuit autant aux productions végétales que l'excès contraire, en disant, *ibid.* pag. 494 : « L'expérience a fait voir aussi que la nourriture des poissons était en général très-prolifique, et l'on a remarqué en effet que les peuples maritimes ichtyophages étaient très-féconds et très nombreux. » Enfin M. Virey nous dit encore, *ibid.* pag. 489 : « L'usage ou plutôt l'abus des bains, en ces mêmes contrées, concourt à rendre les organes flasques; il relâche surtout ceux des femmes, tellement que la conception s'opère peu, puisque la coutume de se mettre au bain après le coït dilate leurs parties sexuelles. Les femmes méridionales sont plus ardentes que les hommes, parce qu'étant en plus grand nombre, elles ont moins d'occasion de satisfaire leurs désirs qu'eux, et de plus la chaleur du climat détermine en elles des menstrues plus abondantes que dans des lieux froids et tempérés; il en résulte une tendance aux métrorrhagies, à des hémorrhagies capables de décoller le placenta, d'exciter l'avortement. C'est ce que prouve l'expérience, et si l'on voit la femme froide et stérile en Europe, devenir féconde dans les colonies du Midi, l'on remarquera aussi que la femme nerveuse et stérile des pays chauds acquiert un tempérament plus calme et plus fécond sous nos cieux tempérés. »

On voit que j'avais bien raison de dire que M. Virey se trompait ou avançait au moins un paradoxe qui prêtait aux contradictions, puisqu'il se contredit lui-même de tant de manières, à part les faits que je lui ai opposés. J'ajouterai que, si des lieux secs et humides paraissent moins populeux, c'est qu'outre que la végétation y produit moins de nourriture, à raison de la qualité du sol, l'action de monter, en accélérant la circulation et en produisant la dyspnée et la chaleur, y détermine aussi des hémorrhagies, des métrorrhagies et des avortemens beaucoup plus fréquemment que dans les plages basses et humides. Si les femmes du Midi sont plus ardentes que les hommes, ce n'est pas parce qu'elles y sont plus nombreuses et qu'elles y ont moins d'occasion de satisfaire leurs désirs ; c'est au contraire parce que les organes de la génération étant plus turgescens et plus stimulés chez elles, en se prêtant plus, par suite de leur laxité, à l'afflux du sang que chez les hommes, un amour plus impérieux leur donne l'avantage du nombre ; car l'expérience prouve que les enfans sont ordinairement du sexe de celui des deux époux qui a eu l'impulsion ou la part la plus forte à la génération. Mais prétendre que « les femmes méridionales sont plus ardentes que les hommes, parce qu'étant en plus grand nombre, elles ont moins d'occasions de satisfaire leurs désirs qu'eux », n'est-ce pas supposer que le mariage accorde plus de femmes aux maris et moins de maris aux femmes dans le Midi que dans le Nord, ou que dans le Midi l'on vit en dissolution, sans lois ni mœurs, comme des troupeaux ? C'est parce qu'il est prouvé qu'en général un mari a des désirs plus fréquens qu'une femme, à part le temps des règles et de la gestation, que la polygamie est permise en Turquie, en Asie et ailleurs. Un mari qui n'a qu'une seule femme doit, par conséquent, suffire à ses désirs en tout pays, et ce n'est pas le défaut de jouissances qui en augmente l'ardeur; ou l'on aurait provoqué à la dissolution, en imposant le célibat aux prêtres, aux ordres de religieux et de religieuses, et l'on ne pourrait trop se hâter de faire marier les jeunes gens. C'est à raison d'une prédominance masculine analogue, observée dans les autres espèces d'animaux, que les agronomes nourrissent beaucoup plus de femelles que de mâles, quand ceux-ci ne peuvent servir aux travaux.

CHAPITRE VIII.

Du produit de la sécrétion sexuelle des femelles, et de leur fécondation.

Venons maintenant à l'examen de l'œuf qui, dans les animaux vivipares, n'a point l'apparence de celui des ovipares, leur ressemblance ne consistant que dans les rapports d'une même destination. Ce n'est guère que comme comestible et comme médicament qu'il est considéré dans le *Dictionnaire des Sciences médicales*, qui, au reste, compense plus que suffisamment ce qu'il laisse à désirer dans quelques articles par la prolixité de plusieurs autres. Nous n'examinerons l'œuf que comme principe de reproduction, et pour aller de ce qui est le plus connu à ce qui l'est moins, nous commencerons par celui des oiseaux. C'est un corps rond et d'ordinaire oblong, plus gros à un bout qu'à l'autre, avec une croûte extérieure, appelée *coque* ou *coquille*, fragile, de diverses couleurs et consistances, revêtue en dedans d'une membrane molle. L'une et l'autre de ces deux enveloppes sont percées de petits pores par où se fait une inhalation du dehors au dedans, et une exhalation du dedans au dehors, et comme celle-ci prédomine, elle opère à la longue, vers le gros bout de l'œuf, un vide désigné sous le nom de *chambre à louer*. Pour empêcher l'exhalation et conserver plus long-temps les œufs dans leur intégrité, on les garantit du contact de l'air en les vernissant ou en les renfermant dans un vase sous des cendres froides, du son, etc.; mais si l'on veut ensuite les faire éclore par l'incubation, il faut en ôter le vernis pour rétablir leur communication avec l'atmosphère. On appelle *hardés* les œufs sans coquille, pourvus seulement d'une membrane molle, tels que les poules en pondent quelquefois. L'on trouve sous la membrane molle ce que l'on nomme la *glaire* ou le *blanc de l'œuf*, ou mieux l'*albumine;* c'est un liquide blanchâtre, plus ou moins visqueux et transparent selon les espèces, qui se concrète par la chaleur. Au centre de l'albumine de l'œuf se trouve sous forme de boule, dans une enveloppe particulière appelée *membrane vitelline*, une humeur de nature huileuse qui, durcie par le feu, devient friable; on l'appelle en latin *vitellus*, d'où vient le nom de sa membrane, et en français le *jaune de l'œuf*, à cause de sa couleur. Sur la membrane vitelline se remarque une espèce de bride ou de bandelette en forme de zone, à laquelle on donne le nom de *chalaze*, dont les extrémités, réunies à une distance à peu près égale de l'un et l'autre côté, se confondent dans un tubercule gélatineux, nommé *follicule* par Haller, *cicatricule* par Harvey, et plus communément *germe* ou *embryon*. Quelle que soit la situation de l'œuf durant l'incubation, le germe se trouve toujours à la surface du jaune et en contact avec l'albumine ; mais il y a rétraction du germe au centre dès que l'œuf est cuit dur. Quelques auteurs croient, et les frères Burdin enseignent dans leur *Cours d'études médicales* (3e vol., page 213), que c'est par la membrane vitelline qui se continue avec les intestins de l'embryon, que sont absorbés et élaborés les premiers sucs nourriciers, d'où résulte l'évolution; mais cela n'est ni prouvé, ni probable. Cette membrane sert évidemment à isoler le jaune du blanc de l'œuf, à maintenir le germe dans le premier de ces liquides, en le tenant en communication avec le dernier et à faciliter l'absorption graduelle et insensible de l'un et de l'autre, à travers les réseaux filandreux ou vasculaires de la chalaze, et des enveloppes immédiates du germe, qui absorbe lui-même les sucs ainsi filtrés jusqu'au centre du jaune où il est implanté, comme cela est prouvé par sa rétraction dans le phénomène de la cuisson.

Les poules sans coq et des femelles d'oiseaux retenues en cage, pondent des œufs qui se forment dans leur ventre, sans fécondation préalable; mais alors ils sont stériles. Il est nécessaire, pour qu'ils aient de la vitalité, que la femelle ait été fécondée par le mâle, fait important à noter pour apprécier l'opinion de ceux qui ont avancé que l'œuf contenait l'animal en miniature, et que le sperme n'agissait que comme la chaleur sur les semences des végétaux, qui toutefois ne se forment pas sans le pollen. Pour que la vie se réveille dans les œufs fécondés, il faut qu'ils soient soumis à l'incubation ou à une chaleur analogue, telle que celle des déserts de l'Afrique, où les voyageurs prétendent que l'autruche dépose les siens dans le sable, dont la chaleur soutenue suffit pour les faire éclore. Vraie ou fausse, cette observation a donné l'idée de recourir dans nos climats à une chaleur artificielle et à faire éclore des œufs de poule légèrement enveloppés de bourre ou de filasse, dans des fours, près des âtres ou dans du fumier, d'après des procédés indiqués par Réaumur, et souvent couronnés de succès. On pourrait considérer la coque comme une robe qui remplace le plumage; car elle l'annonce fréquemment par la diversité de ses couleurs dans les espèces sauvages.

M. Girou (*l. c.*, p. 95) s'exprime de la manière suivante sur la fécondation des poules. « La poule, après avoir été cochée une seule fois, fait, pendant vingt jours, des œufs féconds. L'éclosion de tous ces œufs demande également une incubation de vingt et un jours : or, s'ils avaient été fécondés dans l'ovaire, comme la chaleur intérieure de la poule est au moins égale à celle de l'incubation ordinaire, vingt-quatre heures d'incubation suffiraient au dernier œuf de la poule. Dira-t-on, avec Buffon, que le poulet ne peut se développer sur l'ovaire ou dans l'oviducte, parce qu'il ne peut y transpirer; mais les petits des animaux ovo-vivipares ne se développent-ils pas dans l'oviducte ? »

La conséquence que M. Girou tire de la nécessité d'une égale incubation, pour l'éclosion d'œufs pondus à des distances inégales du cochement, ne me paraît nullement rigoureuse ; car il n'en résulte autre chose, selon moi, si ce n'est qu'après la fécondation, il faut aux œufs un temps inégal pour leur maturation dans l'ovaire, à raison de leur inégal développement à l'époque de la fécondation. Ne voyons-nous pas que les graines d'un épi de maïs et celles des autres plantes, pour avoir été fécondées en même temps, ce dont on peut s'assurer en enlevant la partie des plantes qui porte les étamines avec le pollen, n'acquièrent que successivement le degré de maturité nécessaire pour leur donner la faculté de germer et de reproduire? S'il en était autrement, aurions-nous l'avantage et le plaisir de jouir des fleurs et des fruits de nos jardins aussi long-temps? Il est vrai que dans bien des cas la fécondation est successive ; mais je restreins mon observation à ceux où elle est simultanée, ce qui n'empêche pas que la maturation n'ait une durée inégale pour les graines et les fruits de la même tige. Dans les gestations des animaux multipares, n'arrive-t-il pas aussi que les produits d'un seul et même accouplement soient inégalement développés et naissent à des intervalles plus ou moins longs les uns des autres, comme il arrive aussi que, dans la même couvée ou la même nichée, tous les petits ne sont pas également développés ni en état de voler au même moment? Enfin, M. Girou, d'accord avec plusieurs naturalistes distingués, dit ailleurs, page 76 : « Il est d'autres animaux dont la femelle est susceptible de produire plusieurs générations sans le concours du mâle après un premier accouplement; mais ce sont l'araignée, la reine abeille domestique, qui ne font presque pas de mouvement. » Peut-on, sans inconséquence, admettre la possibilité de générations successives par un seul accouplement, quand on exige une maturation simultanée de tous les produits d'une fécondation dans l'ovaire, pour croire à sa réalité? Le même auteur cherche à prouver que l'appareil locomoteur des diverses espèces d'animaux est dans un rapport inverse avec leur fécondité, ce qu'il croit confirmer par la fin du passage que je viens de citer, et ce que je regarde comme une illusion, car ni l'araignée, ni l'abeille, ni la fourmi, ni les papillons, ni les mouches, ni les poissons, ni les autres espèces très-fécondes ne manquent pas de mouvement ni des appareils propres à le produire.

En réfléchissant que les œufs non fécondés ne sont pondus qu'un à un et à diverses époques successives, M. Girou aurait compris que, bien que fécondés dans l'ovaire, les œufs ne peuvent s'y développer que successivement, puisque ni l'ovaire, ni la poule ne pourraient les contenir, si leur développement et leur maturation étaient simultanés; d'où il aurait tiré la conséquence qu'en supposant même les conditions d'une incubation convenable, celle-ci ne doit pas avoir plus d'effet sur un œuf non développé qu'une terre végétale avec toutes les conditions favorables à la germination n'en a sur des graines sans maturité.

Les œufs tiennent en forme de grappe à une tige appelée *ovaire*, où ils se développent successivement l'un après l'autre, en sorte qu'une femelle n'en pond qu'un dans l'intervalle d'un ou de plusieurs jours, selon qu'elle en doit plus ou moins produire. La ponte totale va de 18 à 24 pour les poules et les perdrix, de 12 à 18 pour les petites mésanges, de 5 à 6 pour les grives, les linottes, les chardonnerets, et elle n'est que de deux pour les pigeons, etc.; mais chez ces derniers elle se réitère à peu près tous les mois dans l'état de domesticité où ils ont une nourriture plus facile et plus abondante avec des abris plus commodes et plus chauds que dans l'état sauvage, où ils ne font des petits qu'au printemps et en été. Quand les oiseaux sont accouplés, le mâle aide la femelle à construire, pour la ponte et la couvée, le nid avec des variétés propres à chaque espèce: il partage avec elle les soins de l'incubation pour lui laisser le temps d'aller chercher sa nourriture, l'aide ensuite à nourrir et à protéger la petite famille; mais cela n'a pas lieu chez les polygames, où la femelle, n'étant pas secondée, construit son nid avec moins d'art, et se trouve quelquefois exposée à des jeûnes très-longs durant l'incubation dont elle a seule le soin, et qu'elle continue encore pendant plusieurs jours après que les petits sont sortis de la coque, afin de les garantir du froid, jusqu'à ce qu'un duvet plus abondant et plus chaud puisse leur suffire. Le repos, et probablement une fièvre ou un orgasme dû à la philogénésie, augmente alors la chaleur de l'oiseau, que l'on évalue à près de 38 degrés du thermomètre centigrade et même au-delà, durant l'incubation qui dure 20 à 30 jours pour les espèces qui sont le plus développées, et qui marchent en sortant de la coque, au lieu qu'elle n'est que de 11 à 18 jours pour la plupart des petits oiseaux, tels que les linottes, les mésanges, les hirondelles, etc. L'oiseau ne se pose sur les œufs qu'avec douceur et précaution, après les avoir arrangés et quelquefois retournés, ayant soin d'écarter ses plumes et ses ailes pour n'en laisser aucun exposé au froid, et lorsque la petite famille s'est fait jour au travers de ses enveloppes, il la défend avec un courage qui lui fait braver les plus grands dangers. Il y en a dont il suffit d'avoir touché ou dérangé les œufs, pour empêcher le succès de la couvée. Quel est l'homme raisonnable et sensible qui, connaissant tous les soins, l'abnégation et l'héroïsme de l'oiseau pour sa tendre progéniture, ne se reprochât froide barbarie qui l'aurait porté à détruire un nid, s'il réfléchit surtout qu'au lieu de lui nuire, les petits qui en seraient provenus égaieraient la nature par leur ramage et leurs chants mélodieux, détruiraient les insectes qui rongent les productions végétales dont il se nourrit ?

Au bout de 24 heures, Haller a déjà pu découvrir dans l'œuf couvé des traces de cerveau et de moelle spinale; au bout de 48 heures, le cœur et l'aorte, et au bout de 70, les premiers rudimens des os. Le germe paraît d'abord parsemé de points rouges, d'où naissent des vaisseaux sanguins qui convergent vers le centre, où l'on aperçoit le cœur en mouvement, et en même temps on peut distinguer la tête avec deux yeux : bientôt paraissent le bec, les ailes, les pates, mais le tout dans un état de mollesse presque liquide encore. L'albumine paraît être absorbé d'abord en plus grande quantité que le jaune, qui ne disparaît guère qu'au moment où le petit est près d'éclore. On prétend que pour sortir de la coque, il la brise à coups de bec, ce qui me paraît bien difficile pour un être auquel l'étroitesse de sa prison ne permet guère les mouvemens qui nécessiteraient cette opération. Il est plus croyable que si la mère ne la casse pas, d'après des signes qui lui en donnent l'instinct, la coque s'ouvre spontanément comme les noyaux des plantes, les œufs des insectes, des poissons et des reptiles, par les progrès de l'accroissement, qui amène d'abord son usure et son bris dans les points en contact avec les parties les plus dures et les plus aiguës de l'animal qu'elle renferme. En voyant l'oiseau adulte, par exemple le pic, faire à coups de bec des ouvertures dans le bois, en plein air, on a pensé que celui qui est étroitement serré et encore incapable de rien faire, à cause de son extrême faiblesse, devait opérer de même dans sa coque, parce que l'on conclut presque toujours de ce que l'on a vu à ce que l'on ne peut voir, en assimilant les choses les plus disparates. On n'a pas réfléchi que si l'on rendait la tête d'un oiseau adulte aussi immobile que l'est celle du petit en coque, il lui serait impossible de donner des coups de bec et de percer la plus mince écorce, et qu'ainsi l'ouverture de la coque doit être antérieure aux coups de bec. Je ne m'étendrai pas davantage sur les phénomènes de l'œuf de l'oiseau, dont je n'avais à parler que comme d'un objet de comparaison, pour faire concevoir analogiquement ce qui peut s'opérer dans les vésicules ovoïdes, désignées aussi sous le nom d'œufs dans les vivipares, malgré leur dissemblance manifeste. Parmi les ovipares, l'instinct de la philogénésie ne se manifeste guère que dans les oiseaux, car les poissons, les insectes et les reptiles abandonnent pour la plupart leurs œufs aux soins de la bienfaisante nature. Heureusement les petits qui en naissent trouvent autour de leur berceau la nourriture nécessaire à leur accroissement progressif. Les œufs des poissons et des batraciens sont ordinairement déposés dans des eaux calmes et abritées où s'en fait la ponte, la fécondation et l'évolution; ceux des insectes sont déposés et se développent dans la terre ou sur les végétaux; ceux de quelques reptiles tels que les chéloniens et les sauriens, ou les tortues et les lézards, sont déposés dans la terre ou dans le sable où ils éclosent sans être couvés. Les femelles de quelques reptiles, tels que les vipères dont le nom est un abrégé de *vivipare*, fesant des œufs qui éclosent dans l'intérieur de leur corps, prennent soin de leurs petits après la naissance, et semblent même les avaler dans un danger imminent, en les recevant dans leur œsophage, qui leur sert d'asile. Parmi les ophidiens ou serpens, le mâle de l'accoucheur porte les œufs de la femelle et ne les abandonne que lorsqu'ils sont sur le point d'éclore. Dans les batraciens, le mâle du pipa place les œufs après leur ponte, sur le dos de la femelle, qui se gonfle et forme des cellules où les petits éclosent et restent sous forme de têtards jusqu'à ce qu'ils aient perdu leur queue. Parmi les poissons, les œufs des raies, des squales, éclosent dans l'oviducte comme ceux de la vipère, et leurs petits naissent vivans, de même que, parmi les insectes, chez une grosse mouche fort incommode dans les maisons. Pour caractériser ce mode ambigu de reproduction, on a donné aux animaux auxquels il appartient le nom d'*ovo-vivipares* ou d'*ovovipares*. C'est ainsi que la nature, évitant les sauts brusques, arrive par une transition graduelle d'un mode de génération à un autre.

L'esprit humain tend à généraliser ses idées en fesant rentrer dans une première conception toutes celles qu'il peut y rattacher par quelque ressemblance même éloignée, ou par des analogies qu'il suppose dans ce qui lui est inconnu. De là l'origine des systèmes par lesquels, sous prétexte de simplifier la science, on brouille le vrai avec le faux, et on substitue des fantômes aux réalités. En résumant ce que nous avons dit, il en résulte que l'inertie que l'on suppose à la matière est, telle qu'on la définit, en contradiction avec les faits; que la génération des êtres organisés, que l'on dérive généralement de semences ou d'œufs, n'est ni connue ni démontrée dans les êtres qui occupent les limites de transition d'un règne à l'autre; que les premières générations manifestes, près des mêmes limites, se font par des divisions d'une partie quelconque, comme dans les conferves, les hydres, les astéries, ou par des globules et bourgeons disséminés sur tout le corps, comme dans les volvoces, les polypes rotifères, les vorticelles, animaux qui, desséchés et conservés sans détérioration, ressuscitent, par l'accession de l'humidité, au bout de plusieurs années; que plus haut sur l'échelle d'ascension organique, lorsque l'on commence à remarquer dans les individus une composition moins uniforme, l'on trouve la puissance de reproduction plus particulièrement réservée à des germes ou à des organes spéciaux, mais encore tout entière dans un seul individu, comme cela s'observe pour les végétaux dans la monœcie, et pour les animaux, dans les vers, les mollusques, que l'on nomme pour cela *hermaphrodites*, et chez qui la génération résulte déjà de deux principes, le pollen et le pistil, ou le sperme et l'œuf; qu'en montant toujours plus haut sur l'échelle d'organisation, la vie, devenue plus diffuse et répartie, sous des modes de manifestation plus diversifiés, à des appareils plus nombreux, ne peut plus être communiquée que par le concours de deux individus de la même espèce ou de deux espèces voisines, mais conformés diversement dans leurs organes de reproduction, appelés *sexes*, comme pour en indiquer le partage ou l'insuffisance partielle.

Dans cette échelle d'ascension progressive, la nature, sans faire de sauts, n'est cependant pas tellement uniforme que nous ne la voyions plus d'une fois varier son mode de reproduction. Elle anime d'abord une matière mucide ou gélatineuse, d'apparence toute homogène, par une vie générale qui, étant identique dans toutes les parties du même individu, reste également inhérente à chacune de ses divisions, pour le reproduire; en sorte que la génération n'est encore que la nutrition subindividualisée, rien n'y ayant forme de sexe ni de bourgeons; puis, variant sa marche, elle arrive à une organisation spéciale pour lui confier les élémens et l'extension de la vie, sous le double rapport de la réceptivité et de la productivité, en réunissant dans le même individu le foyer ou la mèche, avec la flamme qui doit y allumer la vie; ce qui constitue l'hermaphrodisme, qui est *autogame* quand les organes mâles sont assez rapprochés de l'ovaire pour que l'individu se féconde lui-même, comme cela a lieu dans les coquillages bivalves, tels que les moules, les huîtres; ou *amphigame*, lorsque les individus s'accouplent et se fécondent mutuellement ou de part et d'autre, comme font les coquillages univalves, tels que les escargots, les limaces, les lièvres de mer. Ensuite, changeant encore les conditions de la reproduction, la nature en partage le domaine entre deux individus de la même espèce, doués, l'un, le mâle, d'organes propres à allumer le flambeau de la vie, l'autre, la femelle, d'organes propres à en conserver et alimenter le foyer, jusqu'à ce que le petit animal puisse se suffire à lui-même. Ici il n'y a plus parité d'organes et de fonctions dans chaque individu, la productivité étant l'apanage du mâle, et la réceptivité l'apanage de la femelle. Ut *virilia ad dandum, sic muliebria ad recipiendum, a natura apta sunt.* Crève.

Peut-on arguer, de toutes ces différences d'organisation successives en faveur de la reproduction, une identité de vivification pour tous les êtres animés? Je ne le crois pas ; et cependant la génération univoque, qui consiste à renfermer toute la nature vivante dans le système des œufs, est généralement et presque exclusivement admise. Voilà pourquoi il m'a paru indispensable de considérer, sous les rapports de leur évolution, les œufs des oiseaux qui servent en quelque sorte de prototype, et auxquels on assimile tous les autres. Si nous les comparons à ceux des poissons, des amphibies, des insectes, nous trouvons des différences qui, comparativement aux œufs des vivipares, deviennent encore plus sensibles. Les premières apparences d'œufs, lorsque la nature commence à établir des différences d'organisation pour la génération, consistent seulement en tubercules ou germes qui ne proviennent encore d'aucun sexe, et dont la composition ne semble différer de celle du reste du corps, qu'en ce qu'étant plus concentrée et plus subtile, elle manifeste une tendance à s'individualiser par une assimilation idiogène, comme on le voit dans les bourgeons, les bulbes ou cayeux des plantes, et dans les tubercules et renflemens articulaires des zoophytes. L'on n'y remarque pas encore les principes albumineux, glutineux et huileux des graines et des œufs, à la formation desquels ils semblent servir de passage, à raison de leur forme et d'une élaboration de matière plus ténue. Lorsque l'on découvre les premiers appareils, qui ne paraissent exister que dans le but de la génération, et qui, pour cette raison, sont regardés comme génitaux ou sexuels, il n'est pas toujours très facile de discerner le masculin du féminin, ni quels corpuscules représentent les œufs; et quand les sexes sont assez manifestes pour être distingués, quoique coexistant dans le même individu, les œufs qui en proviennent ne contiennent qu'un mucus mêlé d'albumine sans apparence de jaune, sous une enveloppe assez dure qui s'ouvre dès que l'embryon en a épuisé la matière réservée à sa première nutrition : c'est ce qui s'observe dans les insectes et les vers ovipares, car il y en a de vivipares. Dans les animaux plus parfaits où le cœur et le cerveau sont bien manifestes, tels que les poissons, les reptiles et les oiseaux, l'on découvre au milieu de l'albumine, substance riche en carbone légèrement oxidé, une autre substance huileuse où abondent l'azote et l'hydrogène, et c'est là le jaune au milieu duquel se trouve le canevas ou l'ébauche de l'embryon qui communique en même temps avec le blanc. Il n'est cependant pas démontré que dans les œufs ou le frai des batraciens, il y ait une substance huileuse analogue au jaune, au milieu de la matière gélatino-albumineuse.

Dans la femme, comme dans les femelles des autres mammifères, qui toutes sont vivipares, l'on considère comme œufs des tubercules ou vésicules, les unes miliaires, les plus grosses à peine comme des chenevis, disséminées sur deux corps arrondis, blanchâtres, appelés *ovaires*, et logés dans l'aileron postérieur des ligamens larges, derrière les trompes de Fallope, au-dessus des parties latérales et supérieures de la matrice. Le nombre de ces vésicules est très-variable. Si Rœderer en a trouvé trente dans une femme et cinquante dans une autre, Levret et Haller n'en ont jamais compté plus de quinze dans chaque ovaire. Elles sont si petites avant l'époque de la puberté, qu'on a de la peine à les discerner ; mais à cette époque elles grossissent, ou il s'en forme de plus apparentes, et les ovaires, auparavant petits et oblongs, prennent aussi un peu plus de volume en s'arrondissant, sans égaler la grosseur des testicules, si ce n'est durant la grossesse où ils peuvent la surpasser; ils sont aussi plus gros et turgescens, avec des vésicules plus marquées durant les règles, mais il se rapetissent vers l'âge de 45 ans, et leur atrophie, dans un âge plus avancé, amène la disparition de leurs vésicules. Les anciens regardaient les ovaires comme des testicules propres à la femme (*testes muliebres*), croyant qu'elle secrétait et fournissait une semence comme l'homme, pour la génération. Quelques modernes les ont aussi pris, à cause de leur forme, pour de véritables testicules, renfermés dans la cavité abdominale, chez des sujets qu'ils voulaient faire passer pour hermaphrodites. Les vésicules que l'on prend pour des œufs contiennent seulement un liquide albumineux sans jaune, ni germe, ni rien qui représente la membrane vitelline et ses zones ; souvent même elles ne contiennent point de liquides et se présentent comme des tubercules cartilagineux ou tophacés, analogues à ceux de la phthisie tuberculeuse, etc. On trouve aussi fréquemment, à leur place, un globule appelé *corps jaune* (*corpus luteum*), à cause de sa couleur, placé dans une espèce de calice dont on attribue la formation à l'irritation qui suit le détachement de l'œuf fécondé, quoiqu'il se rencontre aussi dans les vierges et les femmes stériles ; mais alors on l'attribue à l'irritation causée par des plaisirs solitaires ou contre nature. Si l'on demandait pourquoi il ne se rencontre pas de pareils corps jaunes dans l'ovaire des oiseaux, après le détachement des œufs, il est probable qu'on l'expliquerait aussi, parce qu'on ne se trouve pas facilement en défaut, quand il ne s'agit que d'imaginer. Ce qui prouve que l'imagination fait assez souvent travailler la nature comme elle ne travaille pas, c'est que l'on rencontre aussi des corps jaunes dans des ovaires qui n'ont point été soumis aux conditions dont on fait dépendre leur origine; car le docteur Mackintash, d'Édimbourg, s'est convaincu de leur existence dans une jeune fille de cinq ans. Voici comment ce fait est rapporté dans le cahier de septembre 1825, de la *Nouvelle Bibliothèque médicale*, rédigé par le docteur Jolly. « Le développement des corps jaunes dans l'un des ovaires fut long-temps regardé comme un indice certain que la fécondation avait eu lieu. Dans les dernières années, cependant, on reconnut que ce changement pouvait s'opérer sur des animaux qui n'avaient été livrés aux approches du mâle, qu'après avoir intercepté toute communication entre la matrice et les ovaires, au moyen de la section des trompes de Fallope, et chez lesquels, par conséquent, l'imprégnation n'avait pu s'effectuer. Quelques savans enfin, et M. Meckel entr'autres, sont d'avis que la masturbation, et même certaines causes morales, suffisent pour amener le même résultat. Toutefois, l'examen d'une jeune fille de cinq ans, morte de phthisie tuberculeuse, et chez laquelle on trouva l'hymen parfaitement intact, et les ovaires remplis d'un grand nombre de corps jaunes aussi distincts que sur une femme qui a eu des enfans, tendrait à prouver que ces petits corps peuvent se développer dans des circonstances où l'individu n'a été soumis à aucune de ces influences. Ce fait appartient au docteur Mackintash, d'Edimbourg, et ce médecin conserve dans son muséum la pièce anatomique qui constate l'existence d'un phénomène aussi singulier. (*Lond.*, *medic. Reposit.* Juillet 1825.) »

Pour arriver à son but, la nature a doué les organes de la génération d'une sensibilité exquise, laquelle est plus particulièrement concentrée dans le gland du membre viril, et dans le *clitoris*, espèce de mamelon érectile, situé chez la femme au dessus des *nymphes* ou petites lèvres, deux replis aussi très sensibles, qui dirigent le cours des urines hors de la vulve. Lorsque l'accroissement est à peu près arrivé à son complément, cette sensibilité se développe de plus en plus par la pléthore sanguine, et surtout par les sécrétions attribuées à chaque sexe; ce qui leur fait éprouver un besoin qui les porte à se rapprocher, et bientôt à s'entendre réciproquement sur les moyens d'y satisfaire. Lorsque les deux sexes se sont entendus et sont d'accord pour céder au besoin qui les presse, la femelle reçoit, par l'écartement des grandes lèvres, le membre conducteur du sperme dans une gaîne ou un conduit lâche et très susceptible de dilatation, appelé *vagin*, qui va de la vulve jusqu'au col de la matrice, lequel il entoure par son extrémité la plus interne, de manière à laisser libre, dans son calibre, l'orifice de ce viscère et ses bords qui s'y présentent sous la forme d'un *museau de tanche*. Alors la stimulation réciproque, produite par le frottement ou par le simple contact des parties, augmente la pléthore et la chaleur des organes génitaux, en exaltant la sensibilité jusqu'à une sorte d'extase convulsive, d'où résulte l'éjaculation de la liqueur prolifique du mâle dans le vagin, et probablement jusque dans la matrice, qui est un viscère cave et spongieux en forme de petite cale basse aplatie, avec sa partie la plus renflée en haut, entre la vessie et l'intestin rectum. Sa cavité, presque triangulaire, communique avec les ovaires et l'intérieur de l'abdomen, au moyen de deux petits tubes appelés *trompes de Fallope*, qui sont implantés latéralement dans ce viscère, près de son fond, et se rendent jusqu'aux ovaires à travers l'aileron antérieur des ligamens larges de la matrice. L'extrémité supérieure des trompes est terminée par un pavillon en forme d'entonnoir, avec un bord frangé, dont une frange, tenant à l'ovaire, paraît destinée à en rapprocher le pavillon pour recevoir les œufs ou les humeurs que l'orgasme vénérien ou l'action sympathique du sperme en fait dériver, et les transmettre ensuite, jusqu'au fond de l'utérus, par un mouvement péristaltique pareil à celui des intestins. Voilà comment on conçoit l'œuvre de la fécondation. Reste à expliquer les raisons sur lesquelles on se fonde, et les doutes dont cette œuvre mystérieuse est encore environnée.

Des fœtus et des débris de fœtus, trouvés quelquefois dans les ovaires, dans les trompes, ou adhérens à une autre partie de la cavité abdominale; un tubercule jaune (*corpus luteum*), observé peu de temps après la fécondation sur un des ovaires, et qu'on a supposé résulter du détachement d'une vésicule fécondée; puis de petites cicatrices, qu'on a cru avoir succédé à la disparition des corps jaunes, et dont le nombre a paru correspondre à celui des enfans conçus; la stérilité des femelles, et leur éloignement pour la copulation après l'ablation des ovaires, comme on l'observe dans les poules, les truies, les chiennes, les carpes, et quelquefois chez les femmes qui cessent aussi d'être réglées après la castration; la coïncidence des mêmes phénomènes avec l'obstruction ou l'occlusion des trompes, de même qu'après la dégénérescence des ovaires par maladies, ou leur compression par l'omentum, la graisse dans la polysarcie abdominale ; et, le besoin de trouver un usage aux ovaires et à leurs vésicules, ainsi que l'ignorance d'un autre mode de fécondation plus plausible, voilà ce qui a généralement fait adopter celui que nous venons d'expliquer.

Cependant, l'on peut objecter contre ce mode, que le sperme ne peut être porté jusqu'aux ovaires, que les vésicules qu'on y voit n'ont pas de ressemblance réelle avec les œufs des ovipares, ne contenant qu'un mucus albumineux, sans germe ni jaune, tel qu'il s'en produit par tout le corps de l'ovaire, qu'ainsi ces bosselures vésiculaires peuvent n'être que des indices et des produits de la pléthore pubère, puisqu'il s'en manifeste d'analogues au visage, surtout sur le front des jeunes filles qui, comme celles des ovaires, augmentent de volume à l'approche des règles. Comme ces tubercules vésiculaires grossissent d'ailleurs avec les ovaires, durant la grossesse, et se rappetissent de même avec l'âge, ils peuvent n'être que des cryptes ou des réservoirs de l'humeur albumineuse, à laquelle les artères spermatiques fournissent les matériaux, car l'on a fait l'observation que la section et l'oblitération de ces artères entraînent aussi la stérilité des femmes. Des cicatrices dont on veut faire correspondre le nombre à celui des enfans conçus, se remarquent aussi dans les ovaires des femmes qui n'ont point eu d'enfans, et cela doit être si elles succèdent aux corps jaunes, puisque ceux-ci se trouvent chez des femmes stériles et chez des vierges; d'ailleurs, la chute d'une hydatide doit aussi laisser une cicatrice, à part les rides qui, en ayant l'apparence, peuvent en imposer. On sait que les animaux hermaphrodites ne peuvent se féconder eux-mêmes, qu'autant que les ovaires sont rapprochés de l'organe qui fournit le sperme, ce qui infirme la vraisemblance d'une fécondation par l'*aura seminalis* ou par l'absorption de la semence que Grasmeyer a cru se faire au moyen des vaisseaux lymphatiques du vagin; opinion insoutenable, non-seulement parce que ces vaisseaux se rendent dans les glandes, et n'arrivent pas directement aux ovaires, mais aussi parce que le défaut de communication du vagin avec l'utérus rend les femmes stériles. Enfin, l'analogie tirée de la fécondation des plantes, où l'on prétend que le pollen, appliqué au stigmate, ne pénètre pas à l'intérieur du pistil et de l'ovaire, n'est nullement concluante, puisque le stigmate fait partie du pistil, au lieu que les ovaires des mammifères ne font pas partie de l'utérus. Ce qui a encore rendu plus improbable la transmission de la semence jusqu'aux ovaires, ce sont les expériences de Haigton (*Arch. de Reil.*, II, 71, et III, 31), qui, ayant coupé une trompe dans une lapine, quarante-huit heures après la copulation, trouva des corps jaunes dans l'ovaire, du même côté, sans qu'il y eût fécondation; d'où il résulte que, dans cet espace de temps, des vésicules ont bien pu se détacher, par l'effet du coït, sans que la liqueur fécondante ou la vapeur ait été portée jusqu'à l'ovaire par une trompe. Faut-il conclure de ce fait et de la rencontre de fœtus ou de fragmens de fœtus dans les ovaires, que c'est dans ces derniers que s'opère la fécondation par l'*aura seminalis?* C'est ce qu'ont fait la plupart des auteurs, non sans laisser échapper quelque doute sur la vérité de cette opinion, et, pour n'en citer qu'un exemple, M. Murat, rédacteur de l'article *Ovaire* du *Dict. des Sc. Médic.*, après avoir dit, pag. 12, t. XXXIX, que « plusieurs faits démontrent au-delà de tout doute raisonnable, que la fécondation a lieu dans l'ovaire, » ajoute, page suivante : « En admettant, *ce qui paraît assez probable*, que les vésicules de l'ovaire sont des germes destinés à être fécondés, *on peut présumer* qu'elles ne sont pas toutes également disposées à recevoir, à une même époque de la vie, l'impression fécondante du fluide animal. »

Puisque nous en sommes réduits à des probabilités et à des présomptions, pourquoi ne présumerions-nous pas aussi que si l'organisme vénérien peut stimuler assez énergiquement les organes du mâle, pour qu'il en résulte une convulsion avec éjaculation de sperme, la même cause doit produire un effet analogue sur les organes de la femelle pour opérer le détachement des œufs ou l'écoulement d'un liquide qui en fasse l'office, avec leur introduction dans les trompes, et successivement dans la cavité utérine, où se rencontreraient alors les deux principes de la vivification animale? C'est à peu près dans ce sens que les anciens ont conçu la fécondation des mammifères, jusqu'à l'époque où Harvey et ses partisans ont fait prévaloir la génération univoque. Il faut que l'érétisme voluptueux produit par le coït soit encore plus grand dans la femme que dans l'homme, quoique Hippocrate dise que c'est le contraire, pour qu'elle s'expose à tous les inconvéniens de la grossesse, de l'accouchement et de la maternité. C'est ce qui a fait dire à Vanhelmont que l'existence de la femme se concentrait dans l'utérus (*propter solum uterum mulier est id quod est*). Pourquoi donc l'orgasme vénérien qui produit une excrétion prolifique chez l'homme, ne produirait-il rien d'analogue chez la femme dont l'ébranlement nerveux paraît encore plus prononcé? On a d'ailleurs admis comme cause de la production des corps jaunes chez les vierges et les femmes stériles, un ébranlement ou un érétisme occasionés par des jouissances contre nature ou solitaires. On a aussi observé que les femelles des animaux excités durant leur période de chaleur par la présence du mâle sans accouplement, perdent de leur fécondité, et reçoivent ensuite plusieurs fois le mâle avant d'être fécondées. Ainsi des béliers trop jeunes dans un troupeau nuisent à la fécondité en excitant les brebis sans les féconder. Selon Harvey des caresses voluptueuses suffisent pour détacher les œufs des femelles du merle, de la grive, du perroquet, etc. Il est démontré aussi que la masturbation chez les femmes encore plus que chez les hommes nuit à la fécondité. Pourquoi demander que le principe fécondant aille chercher les vésicules sans possibilité d'arriver jusqu'à elles, et les détache de leur tige, on ne sait comment, quand les organes, revenus à leur calme habituel, ne s'y prêtent plus, tandis que nous voyons les organes mâles et femelles des plantes s'incliner les uns vers les autres et s'attirer réciproquement?

Mais alors, dira-t-on, comment expliquerez-vous la rencontre de fœtus dans les trompes, les ovaires et la cavité abdominale? Ne pourrait-on pas plutôt demander pourquoi il se rencontre des fœtus dans la matrice, ou pourquoi il ne s'y en trouve pas plus rarement que dans la cavité abdominale, s'il est vrai que ce soit dans cette dernière que se fasse la fécondation? Les inductions tirées de la présence de fœtus ou de débris de fœtus dans l'abdomen, pour prouver que la fécondation se fait dans les ovaires, sont infirmées dans quelques cas par des circonstances qui prouvent qu'elle ne s'y est pas opérée, telle que l'intégrité de l'hymen, l'extrême jeunesse, le peu de développement de la matrice, et même le défaut d'ovaires ; aussi un célèbre anatomiste anglais, Baillie, a-t-il voulu prouver de nos jours que la production des cheveux, des dents, des os, etc., ne suppose pas une fécondation préalable, car il a trouvé des cheveux, des dents chez une fille qui paraissait âgée au plus de 12 à 13 ans, chez qui l'hymen était intègre et l'utérus moins développé que dans l'état ordinaire de la puberté. Cet auteur rapporte aussi qu'un cheval hongre, examiné après sa mort par Colmann, avait au dessous du rein droit un kyste contenant des cheveux et quelques dents, avec une substance grasse. Ruysch conservait dans son cabinet une tumeur trouvée dans l'épiploon d'une femme hydropique, de la grosseur du poing, dans laquelle se trouvaient des cheveux absolument semblables à ceux de la tête, si ce n'est qu'ils étaient sans racines (*Obs.* XVIII); il conservait aussi une autre tumeur trouvée dans l'estomac d'un homme, où il y avait des cheveux, des dents, etc. Ce célèbre et savant anatomiste, étonné des diverses productions et des animalcules qu'il avait trouvé dans les parties les plus intimes et les plus variées du corps, n'en a pas expliqué l'origine, tant elle lui a paru obscure, comme on peut le voir dans un passage que j'ai cité de lui, ch. III, p. 42 et ss. Le même auteur a décrit un avorton composé seulement d'un fémur, d'un bout du pied et de trois doigts (*Thes. anat.*, IX, p. 17). Dans les *Transact. philosophiq.* de 1794, p. 154, Clarcke a décrit un monstre ayant la forme d'un ovoïde aplati, recouvert par la peau, dans lequel se trouvait un pied isolé, faisant appendice à un membre inférieur complet, des os innominés presque aussi volumineux que deux fœtus à terme, une petite portion d'intestin, une veine et une artère ombilicale. Dans ses *Recherches et expériences sur la vitalité* (Paris, 1797), M. Sue a rapporté l'observation d'un fœtus de cinq mois, réduit à une partie de l'abdomen avec un cordon ombilical et un seul membre inférieur, d'ailleurs bien conformé. Vrolik (*Mémoire sur quelques sujets d'anatomie et de physiologie*, Amsterdam, 1822), a publié la description d'un fœtus ayant seulement un sacrum, toute la portion lombaire du rachis, deux reins, une petite portion d'intestin grêle jointe à un gros intestin, les organes sexuels femelles avec un membre inférieur droit complet qui tenait à un bassin irrégulièrement développé. Le docteur Hayn de Berlin a donné en 1824, sous ce titre : *Monstri unicum pe-*

dem referentis descriptio anatomica, un acéphale monopède, provenant d'une chèvre qui, après plusieurs portées précédentes, avait mis bas, en 1822, un chevreau qui n'avait que trois membres, et qui un an après mit bas un nouveau fœtus consistant seulement dans un membre postérieur gauche, de forme oblongue et irrégulière, recouvert de poils longs et rudes, arrondi à l'une de ses extrémités, et se terminant, en s'amincissant graduellement, par une extrémité recourbée. Il y avait latéralement près de la grosse extrémité une cicatrice ombilicale d'où partait un cordon, un peu plus bas un tubercule charnu, et plus en avant une petite fente informe de paupières dont les bords étaient recouverts d'un épiderme mince, par laquelle proéminait un petit corps difficile à déterminer. En incisant cette masse, on trouva dans son intérieur un membre postérieur assez bien formé, mais sans rotule, et qui au lieu de trois phalanges n'en avait qu'une bifurquée et terminée par une corne analogue aux ongles, mais toute enveloppée par les tégumens intérieurs. Il y avait aussi une portion d'os iliaque articulée avec le fémur et un rudiment de vertèbre. En comparant ces cinq derniers faits dans le cahier d'avril 1825 de la *Nouvelle bibliothèque médicale*, le docteur Ollivier d'Angers remarque que le dernier acéphale diffère des quatre autres sous les rapports suivans :

1° Tous les fœtus acéphales qu'on a décrits étaient jumeaux, ce qui n'existait pas ici; 2° il n'y avait pas ici de traces intestinales dont on a toujours trouvé quelques vestiges dans les acéphales dont nous possédons l'histoire; 3° enfin de tous les cas analogues connus, il est le seul, si l'on en excepte peut-être celui de Ruisch, dans lequel on ait vu un membre inférieur isolé de toute autre partie, et constituer ainsi, à proprement parler, un acéphale *monopède*.

Reste la question maintenant de savoir si ces productions imparfaites ont ou n'ont pu se développer sans fécondation, et quelles sont les limites des organisations possibles sans le secours de la fécondation. On essaiera de résoudre cette question par des hypothèses, comme on a fait pour le cas suivant, où l'on suppose deux germes impliqués l'un dans l'autre; mais des hypothèses ne sont pas des preuves. Un fait des plus curieux, qui, après avoir fortement fixé l'attention des médecins, a été trop tôt perdu de vue, c'est le fœtus trouvé en l'an 13 (1805) dans le corps d'un garçon de 14 ans, nommé *Amédée Bissieu*, de Verneuil, département de l'Eure. Le bruit de ce phénomène, dont les explications intéressaient également la science et la morale, détermina M. Chaptal, alors ministre de l'intérieur, à charger la société de l'Ecole de médecine de Paris de l'examiner, et quoique j'aie été témoin de la dissection et de l'examen qui s'en firent dans cette ville, c'est dans le rapport que fit M. Dupuytren, au nom de la commission qu'elle nomma, et qu'on peut lire en entier dans son premier bulletin de l'an 13, que je prendrai presque textuellement la notice suivante. Dès qu'il avait pu balbutier, Bissieu s'était plaint d'une douleur au côté gauche qui dès-lors *avait paru tuméfié*, sans empêcher son *développement physique et moral*. Ce n'est qu'à 13 ans que la fièvre le saisit, et *dès-lors sa tumeur devint volumineuse et douloureuse*. Bientôt il rendit par les selles des matières puriformes et fétides; trois mois plus tard il se manifesta une sorte de phthisie pulmonaire; il rendit un peloton de poils par les selles, et mourut au bout de six semaines dans un état de consomption des plus avancés. L'examen des pièces envoyées à Paris par M. Blanche, chirurgien à Rouen, n'a laissé aucun doute que ce fœtus ne fût renfermé dans un kyste situé dans le mésocolon transverse, au voisinage de l'intestin colon et hors des voies de la digestion, quoiqu'il communiquât avec l'intestin par une lésion récente et accidentelle de ce dernier. Pour constituer un individu, il fallait que cette masse renfermât des appareils d'organes indépendans de ceux du corps auquel il adhérait; et une dissection très-soignée fit découvrir la trace de quelques organes des sens, un cerveau, une moelle de l'épine, des nerfs très-volumineux, des muscles dégénérés en une sorte de matière fibreuse, un squelette composé d'une colonne vertébrale, d'une tête, d'un bassin et de l'ébauche de presque tous les membres; enfin dans un cordon ombilical fort court et inséré au mésocolon transverse, hors de la cavité de l'intestin, une artère et une veine ramifiées par chacune de leurs extrémités du côté du fœtus et du côté de l'individu auquel il tenait; ce qui suffit pour en établir l'individualité, malgré que l'absence des organes de la digestion, de la respiration, de la sécrétion des urines et de la génération, qui n'entrent en fonctions qu'après la naissance, doive la faire classer parmi les fœtus monstrueux destinés à périr en voyant le jour.

La situation de ce fœtus hors du canal alimentaire ne permettait pas de supposer son introduction dans le corps de Bissieu, et le sexe de celui-ci, constaté par MM. Delzeuse et Brouard, sur l'invitation du préfet de l'Eure, ne laissait pas croire qu'il eût été fécondé, puisqu'il n'offrait pas la plus légère trace du sexe féminin. D'après la connexité des faits, il est donc impossible de ne pas admettre que ce jeune infortuné est né avec la cause de la maladie à laquelle il a succombé, au bout de 14 ans seulement. Ce qui indique encore l'ancienneté de ce fœtus, ce sont le volume de ses dents, la dégénération fibreuse de ses muscles, le racornissement du cerveau, l'usure de la peau dans un grand nombre de points, la carie de plusieurs os, la soudure de la plupart d'entr'eux, la dégénérescence osseuse du kyste lui-même. Mais en admettant que le fœtus soit contemporain de l'individu auquel il était attaché, il restait toujours pour ceux qui veulent tout expliquer, une grande difficulté à lever, celle de la situation dans le mésocolon transverse. Le rapport suppose, pour toute explication, ou *un germe primitivement disposé pour une pareille monstruosité, ou l'action d'une cause mécanique sur deux germes d'abord isolés qu'elle aurait fait pénétrer l'un dans l'autre*, comme dans les monstres à deux corps réunis entre eux ou confondus l'un dans l'autre par une partie qui leur est commune. En admettant l'une de ces *explications*, dit le rapporteur, ce fœtus qui peut être comparé au produit des conceptions extra-utérines, n'a plus rien qui doive surprendre beaucoup, et le sexe de celui qui lui a si long-temps servi de mère, devient à peu près indifférent.

Les suppositions qui, dans ce rapport, prennent le nom d'explications, sont une superfétation de l'hypothèse gratuite de germes animaux dans lesquels seraient pour ainsi dire moulés les produits de la génération, et l'action d'une cause mécanique, qui aurait fait pénétrer un germe dans l'autre, est une supposition un peu plus que gratuite, car le germe pénétrant n'aurait pu s'introduire sans écraser, disjoindre et faire diffluer les parties du germe pénétré qui par là aurait nécessairement été le plus vicié, tandis que les faits prouvent que c'est précisément le contraire. L'on fait aussi intervenir comme objets de comparaison les conceptions extra-utérines, sans réfléchir que dans celles-ci ni aucune autre, les germes, puisque germes il y a, ne restent jamais assoupis pendant 13 ans, ce qui a été à peu près le cas chez Bissieu; car si son prétendu frère jumeau ou son contemporain s'était réveillé en même temps que lui, il aurait certainement empêché *son développement physique et moral* par le sien propre, ce qu'il ne fit pas selon le rapport qui ajoute, que ce n'est qu'à 13 ans que la tumeur *devint volumineuse et douloureuse*, que la fièvre se déclara, etc. Ainsi l'infétation d'Amédée Bissieu n'est point expliquée dans ce rapport, et elle est inexplicable par un germe qui n'aurait pu arriver au mésocolon transverse par aucune voie connue, même primitivement, sans que son passage fût marqué par quelque signe, et sa présence annoncée par des indices moins tardifs et plus manifestes, puisque son côté gauche *avait seulement paru tuméfié* dans son enfance sans laisser soupçonner le phénomène d'un germe en évolution actuelle. Reste donc l'explication du savant Baillie ou l'impossibilité d'une explication dans l'état actuel de nos connaissances. Je ne sais si Voltaire, connaissant les phénomènes encore inconnus de son temps que j'ai rapportés, aurait été aussi tranchant dans son opinion, qu'il le paraît dans le passage suivant de son *Précis du siècle de Louis XV* : « Des systèmes trop hasardés ont défiguré des travaux qui auraient été plus utiles. On s'est fondé sur des expériences trompeuses pour faire revivre cette ancienne erreur, que des animaux pouvaient naître sans germe. De là sont nées des imaginations plus chimériques que ces animaux. » Quoique l'on ne puisse disconvenir que Voltaire n'ait eu bien souvent raison, il s'est cependant quelquefois trompé, et ce pourrait encore être le cas ici, puisque, outre les générations imparfaites dont il vient d'être question, il y a encore celles des entozoaires, dont il a été jusqu'ici impossible de démontrer les germes ; or l'admission d'une chose qui n'a pu être démontrée, est hypothétique comme son rejet, et l'on ne peut, en pareil cas, éviter le danger de l'erreur, que par le doute philosophique qui est d'autant plus recommandable, qu'il provoque à de nouvelles investigations, au lieu que la présomption les fait croire inutiles. C'est en concluant du particulier au général, c'est-à-dire, de l'existence d'un germe dans les plantes et de quelque chose d'analogue dans les œufs, que l'on a élevé en certitude leur existence dans les autres organisations où l'on n'en a jamais vu; et ainsi Voltaire a tranché sur l'erreur et la vérité par un faux raisonnement.

Un autre cas où les partisans des germes ou des œufs pour toute génération se trouvent en défaut, c'est celui de la superfétation dans les femelles à une seule matrice, dont la cavité, une fois remplie et devenue également imperméable à une nouvelle intromission de sperme et d'œufs, équivaut à son oblitération ou à son absence; ce qui, selon eux, est une cause absolue de stérilité, et cependant ils admettent la superfétation après plusieurs mois de grossesse chez la femme, c'est-à-dire, l'impossible avec leur système.

Je suis très-porté à croire que chez les mammifères, la fécondation s'opère dans la matrice, puisque c'est ordinairement là que se trouve et se développe le produit de la conception; autrement ces animaux ne pourraient guère produire moins de deux petits à la fois, puisqu'ils ont deux trompes qui correspondent à deux ovaires, et un seul accouplement devrait suffire pour féconder plusieurs œufs à la fois, comme chez les ovipares qui, au lieu de deux ovaires et de deux trompes, n'ont cependant qu'un ovaire et un oviducte par lequel la liqueur fécondante peut arriver directement jusqu'à l'ovaire, qui peut-être en distribue le principe aux œufs, vu qu'un seul accouplement suffit pour en féconder un grand nombre, qui sont les uns plus, les autres moins développés. Le sperme doit arriver aux œufs par la substance de l'ovaire, s'il est vrai, comme l'affirment Spallanzani et d'autres scrutateurs de la nature, qu'un seul accouplement suffit dans quelques insectes pour plusieurs générations. La fécondation simultanée de plusieurs principes de vitalité n'ayant lieu que par exception dans certains mammifères, on doit en conclure qu'elle se fait par un mode différent. Quant à la présence de quelques fœtus dans les trompes ou dans la cavité abdominale, ce qui constitue la grossesse extra-utérine, l'on en conçoit la possibilité par les spasmes de la matrice, qui, étant capable d'engourdir la main de l'accoucheur le plus robuste, lorsqu'il l'introduit dans sa cavité, et d'expulser au dehors, dans les avortemens, le produit de la conception, malgré l'épaisseur et la grande résistance de son col, peut bien aussi refouler et faire refluer l'embryon avec ses enveloppes, avant qu'il ait contracté de fortes adhérences, jusque dans les trompes et l'abdomen. Le développement de fœtus au milieu des ovaires, dont on cite des exemples, s'il est vrai, n'est pas vraisemblable, ni favorable à l'opinion des ovaristes, puisque, d'après eux, les vésicules ovoïdes ou fécondables se trouvent su la superficie de ces organes, et que, si elles se trouvaient aussi au milieu de leur parenchyme, la fécondation d'une seule vésicule serait bien plus inexplicable par un principe fécondant, qui d'abord, en communication avec les vésicules les plus superficielles, n'aurait pas agi sur elles.

Littre dit (*Mémoires de l'Académie des Sciences*, an 1701) avoir trouvé dans l'ovaire d'une femme, une vésicule moins grosse et plus profonde que les autres, contenant un embryon d'une ligne et demie de grosseur sur trois lignes de longueur, attaché au dedans des enveloppes de la vésicule par un cordon gros d'un tiers de ligne et long d'une ligne et demie, nageant dans une liqueur claire et mucilagineuse. On distinguait la tête, et sur celle-ci une ouverture à l'endroit de la bouche, une éminence à la place du nez, et de chaque côté deux lignes indiquant les paupières, et sur le tronc des éminences rondes où devaient naître les extrémités supérieures et inférieures.

Voilà une observation qui serait bien précieuse pour établir la fécondation des vésicules dans les ovaires mêmes, si l'on était sûr que ce savant académicien n'a pas vu toutes ces merveilles minimes, si exactement décrites, à travers le prisme de sa prévention, et si quelques autres petits phénomènes pareils, sur lesquels la connaissance du sien appelait l'attention, s'étaient reproduits aux yeux de bons observateurs venus après lui. Il est reçu en jurisprudence qu'un seul témoin ne prouve rien (*testis unus*, *testis nullus*), et en philosophie, qu'il ne faut jamais tirer une conclusion générale d'un fait particulier, quand même il ne serait pas aussi facile de s'abuser sur des ressemblances si minimes, qu'on ne peut ni les voir, ni même les deviner sans les avoir préconçues.

Kerckring qui, dans son *Anthropogeniæ Iconographia*, etc., donne des détails sur la génération de l'homme et sur la conformation du fœtus jusqu'à l'ossification (*Conformatio fœtus usque ad ossificationis principia*), dit qu'au quatrième jour de la conception ses parties sont déjà développées, surtout la tête; qu'à trois semaines, le squelette ne semble formé que d'une pièce continue, qu'il paraît cartilagineux aux extrémités, au tronc et à la face, et que le crâne ressemble à une vessie membraneuse, mais qu'on n'y voit rien d'ossifié; il a observé que les osselets de l'ouïe se durcissent de bonne heure, et, qu'à sept mois, ils ont à peu près leur volume; il ajoute qu'à cet âge la direction des côtes est telle, que les cinq supérieures ont leurs extrémités tournées en haut, tandis que celle des sept inférieures est tournée en bas; que le sternum, long-temps cartilagineux, présente à l'époque de neuf mois beaucoup de points osseux contigus les uns aux autres, pour ne former ensuite que trois pièces osseuses. Quoique cet auteur n'ait pas été exempt de préventions, et que l'on ait des raisons de soupçonner qu'il s'est trompé sur l'époque de la conception d'un fœtus dont les parties auraient déjà été développées au quatrième jour, etc., nous ne voyons cependant pas que dans son ouvrage il ait mis la crédulité à une si rude épreuve que Littre. Selon Hippocrate, toutes les parties du corps sont ébauchées dans un embryon de sept jours, ce dont il s'est assuré plusieurs fois chez les femmes publiques qui se faisaient avorter. « Si vous y regardez attentivement, dit-il, après l'avoir jeté dans l'eau, vous y découvrirez tous les membres, les régions des yeux, les oreilles et les bras, même les doigts des mains, les cuisses, les pieds et leurs orteils, ainsi que les parties sexuelles et tout le reste du corps. Ceux qui en ont fait leur étude savent que, dès qu'une femme a conçu, il lui vient aussitôt des horripilations, des bouffées de chaleur, des craquemens de dents, des constrictions spasmodiques des articulations et des autres parties du corps, avec une torpeur de l'utérus. C'est ce qui arrive à celles qui sont en parfaite santé, et ce que ne sentent pas la plupart de celles qui sont replettes et glaireuses lorsqu'elles l'éprouvent (1). »

Haller, l'un des physiologistes modernes les plus instruits et les plus dignes de foi, qui, entre autres experiences, fit saillir quarante brebis, qu'il sacrifia l'une après l'autre pour éclairer l'œuvre de la génération, dit que le premier embryon qu'il a observé dans l'utérus maternel ne contenait qu'une gélatine sans forme ni membre distinct (2). Selon le même auteur, l'œuf humain, observé dans la matrice, ne contient d'abord qu'une lymphe claire, coagulable par le feu et l'alcool, où le fœtus est long-temps invisible; en sorte qu'il ne l'a jamais vu avant le dix-septième jour, n'étant jusque-là qu'un mucus informe et encore cylindrique; ensuite, lorsque les parties com-

(1) Ac primum quidem, ubi genitura ad uteros pervenerit, habet intra septem dies quæcumque ex corpore ei accedere necesse est. Eam in aquam conjectam si accuratius inspexeris, membra omnia habere deprehendas, et oculorum regiones et aures et brachia. Quin et manuum digiti, et crura et pedes et pedum digiti, et pudendum et reliquum totum corpus in conspicuo est. Liquido autem constat harum rerum peritis, quod mulier ubi concepit, statim inhorrescit, ac incalescit ac dentibus stridet, et articulum reliquumque corpus convulsio prehendit, et uterum torpor; idque iis quæ puræ sunt accidit. Quæ vero crassæ et mucosæ istud experiuntur, earum pleræque hoc non sentiunt. (Hipp., *De Carnibus seu de principiis*, p. 254.)

(2) Gelatina erat embryo quem primum in utero materno vidimus, vix distincta forma, cujus nullam partem a reliqua distingueres. (*V.* Haller, *Primæ lineæ physiologiæ ab Wrisberg quarto conscriptæ*, etc., p. 495. *Gœtt.*, 1780.)

mencent à se dessiner, il a la tête très-grande, le corps petit, sans membres, avec un ombilic ample, uni, qui le fixe vers l'extrémité obtuse de l'œuf (1). Le professeur Osiander de Gœttingue dit avoir déjà aperçu la seconde semaine un fœtus long de deux lignes; mais Curt Sprengel, à qui j'emprunte ce fait (*l. c.*, p. 575, t. 2), présume qu'alors il y a eu erreur sur l'époque de la conception, pensant lui-même, ainsi que plusieurs observateurs du témoignage desquels il s'étaie, que le fœtus humain ne peut guère être discerné qu'à la troisième semaine. Hippocrate ayant eu occasion d'observer le produit avorté d'une conception de six jours, en rend compte de la manière suivante : Supposez, dit-il, un œuf cru dont on aurait détaché toute la coque extérieure, dans la membrane intérieure duquel se trouve une humeur transparente; c'est là, pour le dire en un mot, l'état de l'humeur dont il s'agit, si ce n'est qu'en outre elle était rouge et ronde. Mais on voyait dans cette membrane des fibres blanches et ténues avec une sanie rouge et épaisse, et la membrane

(1) In eo ovo (humano) in uterum delato plurima eo tempore aqua inest, in igne vel alcohole coagulabilis, limpida; et fœtus diu invisibilis, ut ante decimum septimum diem nunquam viderim, informis primo, merusque mucus, hactenus cylindricus. Inde quando nunc aliquod partium discrimen succedit, grandissimo est capite, corpore parvo, artubus nullis, umbilico amplo, plano, ad ovi verticem obtusum adfixus. (Hipp., *De Carnibus seu de principiis*, etc., p. 486.)

était elle-même extérieurement injectée de sang comme par sugillation. Au milieu, il y avait quelque chose de ténu qui me parut être le nombril par lequel s'était manifesté le premier souffle, et s'était développée toute la membrane qui contenait le produit de la génération (1). Hippocrate dit d'ailleurs qu'il faut quarante-deux jours pour distinguer les membres d'une fille, ce qui est le plus long terme, et trente jours pour reconnaître ceux d'un garçon, à en juger par les fœtus expulsés par avortement (2). J'ai moi-même eu occasion de voir des fœtus de cinq à six semaines, dont les membres n'étaient encore que faiblement dessinés; mais je n'ai pu en distinguer suffisamment le sexe ni en comparer un assez grand nom-

(1) Ut si quis ovo crudo externam testam undique auferat, in quo interiore membrana contentus humor pelluceat; ad hunc fere modum (ut uno verbo dicam) se habebat liquor ille, prætereaque ruber erat et rotundus. Conspiciebantur autem fibræ albæ et tenues in membrana cum sanie crassa et rubra contentæ, et ipsa membrana exteriore parte cruore ad instar sugillatorum suffusa erat. In cujus medio tenue quiddam extabat, quod mihi umbilicus esse videbatur, et per illum primum respirasse, ex eoque protendebatur membrana tota genituram complectens. (Hipp., *De natura Pueri*, p. 236.)

(2) Hæc eo loco a me adducta sunt, quo demonstrarem membrorum distinctionem in pueris fieri, fœminæ quidem intra duos et quadraginta dies et longissime, masculo vero intra dies trigenta... Pleræque autem jam mulieres fœtum masculum ante trigesimum diem abortione reddidere, sed is indistinctus compertus est: qui vero pauco post aut eo ipso die rejecti sunt, omnes distinctis membris visi sunt. Sic etiam in fœmella pro ratione duorum et quadraginta dierum, si quando aborta perierit, membrorum distintio apparet. (*Ibid.*, p. 239.)

bre pour savoir quelle différence il y a entre le développement d'un garçon et celui d'une fille. La différence de temps indiquée par Hippocrate pour chaque sexe pourrait bien n'avoir pas été rigoureusement constatée, et n'être que présumée d'après la force respective de chacun, ou d'après le témoignage de femmes incertaines sur l'époque de leur conception.

Il est vrai que Mauriceau, Monro et Brindel ont cru apercevoir au troisième jour une espèce de ver dans l'œuf humain, ce qui n'ayant pas été confirmé par des observations ultérieures, n'est probablement qu'une illusion qui toutefois n'a pas été jusqu'à faire voir des parties distinctes.

Tout cela s'éloigne prodigieusement de la merveille imaginée par Littre, le seul qui ait vu toutes les parties d'un fœtus minime ébauchées simultanément à une époque où il n'y en a point d'apparente, et dans des proportions qu'elles n'ont jamais entre elles dans les premiers temps : encore était-ce dans une vésicule de l'ovaire plus petite que les autres, et cette circonstance, ajoutée à son récit, fait voir qu'il connaissait l'empire du merveilleux pour capter l'attention et la confiance des esprits vulgaires. Malgré tant d'invraisemblances, la crédulité illimitée de ceux dont toutes les connaissances ne sont qu'une richesse d'emprunt leur a fait adopter son récit comme une preuve du système qu'il favorisait : c'est à peu près comme si un naturaliste disait avoir vu dans un pepin un arbre où il distinguait déjà les branches, les feuilles, les fleurs et les fruits.

La croyance des ovaristes exclusifs est plutôt motivée par des fables de la nature de celle de Littre, et par des présomptions tirées d'une analogie qu'ils ont imaginée entre les ovipares et les vivipares, que par des expériences et des faits positifs. C'est ce que Haller et Wrisberg ont très-bien fait sentir en s'exprimant de la manière suivante : La vésicule elle-même qui a existé dans l'ovaire, y reste adhérente, et devient l'enveloppe où est contenu le corps jaune. Les petits œufs que l'on prétend s'être détachés dans les premiers jours, n'ont pas de fondement certain, et répugnent à la petitesse du fœtus observé plusieurs jours après la conception, à la figure toujours oblongue qu'on lui remarque d'abord, laquelle est également cylindrique dans les bêtes, ainsi qu'à la petitesse de la trompe (1). Et d'abord c'est une question difficile que celle de savoir d'où proviennent les élémens primordiaux du nouvel animal ; si c'est de

(1) Ipsa vesicula quæ in ovario fuit, manet in eo firmata estque corporis lutei amiculum. Quæ vero de muliere primis diebus decidisse dicuntur ovula, incertæ sunt fidei, et repugnant parvitati fœtus multis diebus post conceptionem visi, figuræ, cum qua primum visus est, semper oblongæ, in bestiis etiam cylindricæ, parvitati tubæ. (V. Haller, *l. c*, p. 480.)

chacun des parens et du mélange de leurs semences affluentes de tout le corps, vu la ressemblance du fœtus avec l'un et l'autre dans les animaux et principalement dans les plantes, laquelle est prouvée par beaucoup d'expériences, ainsi que la propagation de leurs vices, tout se trouvant confondu dans un seul animal (1).

Les anciens ont cru, et c'est encore la croyance de quelques modernes, parce qu'elle s'appuie sur la vraisemblance, que la fécondation a lieu dans la matrice des mammifères, par la rencontre et le mélange du sperme des mâles avec une humeur de même destination, sécrétée par les ovaires des femelles. Ferrari (de Grado, ou de Gradibus), dans un ouvrage imprimé d'abord en 1471, et réimprimé plusieurs fois, en dernier lieu, à Lyon, en 1527, in-4°, sous le titre de *Practica, seu commentaria in nonum Rhazis ad Almansorem*, est le premier qui, en parlant des ovaires des femmes, les ait assimilés à celui des oiseaux, et ait regardé leurs vésicules comme des œufs. Stenon, de Graaf, Verheyen, Littre, Drelincourt, Kerckring, Harvey, Swammerdam et beaucoup d'autres ayant

(1) Et primum difficilis est questio unde primordia novi animalis proveniant. Num sint ab utroque parente, et conjunctis seminibus, de corpore universo deciduis, ut quidem similitudino fœtus cum parente utroque in animalibus, sed potissimum in plantis per plurima experimenta confirmata, in unum animal misceantur; tum vitia parentum in fœtus propagata. (Haller., *l. c.* p. 481.)

adopté son opinion, quoiqu'elle n'eût aucune base certaine, l'ont accréditée chez leurs élèves, et ceux-ci, *in verba magistri jurare addicti*, l'ont propagée à leur tour. Stenon, d'abord médecin protestant, puis évêque catholique, crut démontrer, à Copenhague, dans une séance publique, la justesse de cette croyance, en faisant voir que les vésicules de l'ovaire d'une femme, qu'il avait fait cuire auparavant, étaient transparentes, mais sans jaune ni germe, deux choses essentielles pour leur analogie avec des œufs, si cette analogie n'était purement idéale. Quoique la transparence des vésicules cuites de Stenon n'ait rien prouvé autre chose, sinon qu'elles contiennent, comme le reste de l'ovaire, un liquide albumineux, concrescible par le feu et par l'alcool, on a reçu la démonstration comme une preuve de l'opinion de Ferrari, à peu près comme on reçoit et passe à d'autres une fausse monnaie, en lui supposant, sur une apparence trompeuse, une valeur intrinsèque égale à la valeur de convention du type qu'elle porte. Si des preuves réelles et positives n'avaient pas manqué, il est à présumer que Stenon, Littre et autres n'auraient pas produit les chimères de leur imagination à l'appui d'un paradoxe.

Puisqu'on ne trouve que de l'albumine sans germe dans les vésicules de l'ovaire, et que le sperme des mâles ne peut y arriver, pourquoi se torturer l'esprit pour expliquer la fécondation et le détachement d'une seule vésicule dans la femme, la brebis, la vache, etc, malgré la présence de deux ovaires et de deux trompes dont le pavillon embrasse plusieurs de ces vésicules, tandis que tout l'ovaire fournit le même liquide que les vésicules, et que peu de jours après la fécondation, l'on ne trouve jamais des vésicules, mais seulement un liquide visqueux, tel que l'albumine dans les trompes et la matrice. Le calibre des trompes est tellement rétréci, qu'une vésicule pourrait difficilement le parcourir, et ce serait un contre-sens de la nature, d'avoir fait, pour obtenir un seul fœtus, non-seulement deux ovaires et deux trompes, mais aussi, à chacune de ces dernières, un pavillon en forme d'entonnoir, assez vaste pour comprendre et recevoir toutes les vésicules de chaque ovaire à la fois, tandis que là où il lui faut plusieurs fœtus à la fois, elle n'a fait qu'un seul ovaire avec un oviducte? Où trouver une raison tant soit peu plausible, pour faire croire qu'à chaque conception des unipares, il n'y a qu'un seul ovaire, une seule vésicule et une seule trompe excités par l'orgasme vénérien, mais qu'il en est différemment chez les multipares? N'est-il pas plus raisonnable d'admettre l'excitation ou l'action des deux ovaires et des deux trompes chez les uns comme chez les autres, pour faire arriver l'excrétion génitale des femelles dans la matrice, dont la cavité est si petite, que les excrétions génitales des deux sexes s'y trouvent bientôt réunies en un seul point, quand il n'en résulte qu'un fœtus, et en plusieurs points quand il doit en résulter plusieurs? Supposer par analogie, et sans preuve réelle, que la génération se fait par des œufs dans les mammifères qui sont pourvus de matrices pour recevoir et fomenter l'embryon, ne me paraît pas plus concluant que de supposer dans les insectes, les poissons, les reptiles et les oiseaux pourvus seulement d'un ovaire et d'un oviducte, deux ovaires, deux trompes, une matrice et des mamelles pour la possibilité et le succès de leur génération. Toutes les suppositions en faveur de l'uniformité qui plaît tant aux esprits systématiques, sont désavouées par la nature, relativement à la génération, puisqu'elle varie de tant de manières ses modes de reproduction, en les adaptant aux différences d'organisation et au besoin de la multiplication des êtres.

Il n'est donc pas prouvé que la génération des mammifères ne soit, comme le pensaient les anciens, le résultat des deux semences fournies, l'une par le mâle, l'autre par la femelle, mais différentes entre elles, puisque deux femelles ne peuvent se féconder mutuellement. Rien ne prouve que le liquide générateur de la femme soit exclusivement celui des vésicules et non une excrétion de tout l'ovaire. Le contraire paraît résulter des faits qui établissent l'unité de fœtus dans plusieurs espèces d'animaux après chaque fécondation, unité inconciliable avec la fécondation d'une seule vésicule dans un ovaire où il y en a plusieurs d'aussi développées les unes que les autres, et plus inconciliable encore avec les deux trompes et les deux ovaires, qui offriraient deux voies et deux foyers de génération avec plusieurs centres de vitalité, où il est prouvé que la nature n'en veut et n'en produit qu'une. La conciliation de cette contradiction de la théorie avec les faits et les appareils génitaux est encore plus embarrassante pour ceux qui admettent les observations de fœtus trouvés au milieu des ovaires, puisqu'il faut supposer alors l'imprégnation par la substance même de l'ovaire, et lui refuser en même temps la communication qui n'en fait qu'un tout tout avec ses vésicules. Il est certain que tout l'ovaire sécrète un liquide albumineux abondant (1), et que, s'il ne s'agissait pas de ramener

(1) Entre plusieurs faits qui prouvent la grande aptitude des ovaires à sécréter l'albumine, je citerai le suivant. En 1806, la femme Letellier, portière rue du Faubourg-Poissonnière, n° 19, âgée d'environ trente-six ans, mariée depuis sept ans et malade depuis onze mois, me pria de lui donner des soins. Elle avait alors la figure maigre, le ventre très-gros et dur, une grande dyspnée, souffrait de l'estomac et

toute génération à l'uniformité du système des œufs, on admettrait la sécrétion albumineuse des ovaires, comme principe générateur de la femme, avec plus de vraisemblance qu'une petite vésicule du même liquide, dont aucune raison n'explique le détachement exclusif, ni la fécondation isolée à l'inverse de ce qui se passe dans les ovipares ; au lieu qu'un liquide analogue au blanc d'œuf, épanché durant le coït dans la cavité utérine où il se trouverait en contact avec le sperme, s'accorderait mieux avec les faits et surtout avec la formation d'un seul individu par chaque concep-

des lombes, urinait peu, manquait d'appétit et vomissait souvent ses alimens, sans être alitée. Elle me dit qu'elle avait été plusieurs fois aux consultations gratuites, et avait d'ailleurs consulté beaucoup de médecins, ce qui n'avait pas empêché son mal de s'aggraver. Les uns l'avaient crue enceinte, et les autres, la jugeant hydropique, lui avaient conseillé la ponction qu'elle avait refusée, et que je lui fis accepter, vu l'imminence d'une suffocation et le peu de succès que l'état avancé de sa maladie et la disposition de son estomac laissaient espérer de l'usage interne des médicamens. Je lui fis, avec le docteur Macartan, deux ponctions, la première le 5 février, la seconde le 23 avril 1806, dans chacune desquelles il sortit quinze à vingt livres d'un liquide semblable à du frai de grenouilles. Le volume de son ventre ayant diminué de près de moitié après la première ponction, l'abdomen, très-dur et très-tendu auparavant, s'assouplit assez pour nous permettre de la palper ; nous trouvâmes, dans l'hypogastre, deux tumeurs dures, l'une à droite très-grosse, et une autre à gauche de moindre volume. Dans l'intervalle, je lui administrai des apéritifs et des laxatifs qui augmentèrent un peu le cours des urines, et procuraient parfois des selles très-glaireuses. La malade assez inconstante me quitta, essaya encore des remèdes de toute main, puis redevenue bientôt aussi enflée que ja-

tion, puisqu'alors le liquide étaut homogène de la part de l'un et l'autre ovaires, ne présenterait pas la multiplicité des centres de vitalité fécondables attribués aux vésicules : la pluralité des fœtus se concevrait sans effort par la pluralité des matrices, des coïts ou le partage des éjaculations spermatiques sur plusieurs points de la cavité utérine.

Si l'on avait pu démontrer l'embryon ou seulement ses rudimens dans les vésicules des ovaires des mammifères, comme dans les œufs des oiseaux, l'on aurait presque pu se passer de tout autre démonstration ; mais c'est, au contraire, le sperme qui a présenté aux observations microsco-

mais, se fit faire la ponction par un chirurgien qui, n'ayant rien obtenu de deux piqûres avec un trocart ordinaire, s'en alla et ne revint plus la voir. M. Lemercier et M. Lebreton père, appelés successivement pour la même opération, n'obtinrent chacun de leur ponction que peu de matière gélatino-albumineuse, et dans la nuit du 26 au 27 juin, même année, il se fit une rupture des tégumens du ventre, après laquelle la malade expira, baignée du même liquide qui inonda son lit et une partie de sa loge. Son inhumation s'étant faite avant la réunion des médecins dont la maladie avait fixé l'attention, nous obtînmes la permission d'aller en faire la nécroscopie au cimetière Montmartre, où le docteur Hamel en fit la dissection en présence de beaucoup de médecins. Nous trouvâmes encore beaucoup de matière gélatino-albumineuse accumulée dans des cases ou poches particulières des ovaires, avec une grosse touffe de cheveux dans celui du côté droit, sans débris de fœtus. Je conclus de ce fait et de plusieurs autres que je pourrais citer, que les ovaires ont éminemment la propriété de sécréter l'albumine, et que, comme le pense Baillie, il peut se former dans ce liquide des organisations grossières et sans le concours des deux sexes.

piques la première forme de l'embryon dans des espèces de têtards, ce qui n'a cependant pas paru assez démonstratif, parce que les ovaristes voyant le germe de l'embryon dans l'œuf des ovipares, ne pouvaient l'admettre dans le sperme, sans sortir de l'unité de leur système. Quoique Malpighi et d'autres anatomistes assurent n'avoir rien découvert dans le germe de l'œuf aviculaire et dans ses appendices qui pût faire soupçonner l'existence de l'embryon, Bonnet et Haller regardent ce germe avec ses zones, comme l'ébauche du poussin, et Spallanzani croit avoir reconnu le têtard dans un petit globule qu'il a observé dans les œufs de grenouilles, avant la fécondation ; il prétend qu'après la fécondation, le point globuleux s'alonge et devient têtard. Si cela n'est pas vrai, cela est bien imaginé (*se non è vero, è bene trovato*) pour faire prévaloir le système des ovaristes, qui est le plus généralement admis, ce qui ne prouve pas qu'il soit le plus vrai, puisque celui des anciens a eu autrefois le même privilége. Les modernes se trouvent néanmoins en désaccord avec eux-mêmes, quand, admettant des animalcules spermatiques, dont un, deux, trois ou plus se transforment en embryons, ils prétendent en même temps trouver l'embryon assoupi dans les vésicules des ovaires, comme dans les œufs eux-mêmes, jusqu'au moment où la fécondation vient le réveiller. Ils se trouvent aussi en contradiction en admettant la superfétation dans les animaux à une matrice, alors que toutes les cavités et toutes les voies sont fermées au sperme, pour arriver aux vésicules des ovaires. Il ne m'est pas donné de concevoir ni d'expliquer avec leur système, comment peut se faire la superfétation, ni comment, avec plusieurs centres individuels de vitalité dans les vésicules et dans le sperme des mammifères, il ne résulte, dans plusieurs d'entre eux, qu'une vivification à la fois, tandis que dans les insectes, les poissons, les reptiles et les oiseaux, il en resulte toujours plusieurs. En comparant les mammifères entre eux, l'on doit encore s'étonner que dans la truie, la chienne et autres, tant de vésicules des ovaires soient fécondées à la fois, tandis que dans la vache, la jument, la brebis, comme chez la femme, il n'y en ait ordinairement qu'une de fécondée pour une portée. Je dis *ordinairement*, à cause de quelques exceptions peu nombreuses, car un des plus célèbres accoucheurs modernes, le professeur Baudelocque dit : « La grossesse de deux enfans est assez rare ; celle de trois l'est encore davantage, et l'on ne rencontre presque jamais de quadri-jumeaux. » (*Art des Accouchemens*, vol. II, p. 479, 1796.) Je viens cependant de lire ce qui suit dans le *Constitutionnel* du 5 mars 1829 : « Madame Delasalle, élève de M. Dubois et de madame Lachapelle, vient d'accoucher une dame anglaise, rue du Faubourg-Saint-Honoré, n° 38, de cinq enfans, tous du sexe féminin, morts-nés. Cette dame était enceinte de sept mois; elle se porte bien. » Tout cela est-il vrai? La rareté du fait demandait qu'il fût constaté par des témoins assez nombreux et irrécusables, vu le penchant des esprits ordinaires à admettre le merveilleux sans preuves suffisantes.

S'il y a dans les ovaires des animaux une proportion et un caractère de vésicules en rapport avec la différence de leur fécondation et de leurs portées respectives, c'est ce qu'il fallait constater et faire connaître, afin que la destination et l'usage de ces vésicules ne restassent pas problématiques, parce qu'une telle disparité d'effets fait nécessairement conclure à une disparité de causes et d'appareils générateurs.

Ces différences de fécondation entre les mammifères eux-mêmes, dont l'unique cause ne peut être dans la matrice, puisque l'unité de cavité utérine coïncide souvent avec la pluralité des fœtus, différences encore plus frappantes et plus difficiles à expliquer, si on les compare avec ce qui se passe dans les ovipares, où tout les œufs actuellement en formation, sont fécondés par une seule communication de sperme, et se reproduisent périodiquement ; puis les autres variétés que j'ai signalées dans les modes de reproduction de la nature, tout cela fait naturellement croire que l'on s'est trop pressé d'adopter un système de génération univoque, et de le rendre exclusif. Quoique l'on ait prouvé mille fois, qu'il n'y a pas de source plus féconde d'erreurs que de tirer des conclusions générales de faits particuliers ou isolés, l'on cite encore toujours avec la plus grande assurance, pour mettre hors de doute la fécondation et l'acheminement progressif des vésicules vers la matrice, l'expérience de Nuck, qui rapporte qu'ayant ouvert une chienne trois jours après l'accouplement, appliqué une ligature à la trompe et refermé la plaie, il trouva, le vingt-unième jour, deux fœtus dans cette trompe, entre la ligature et l'ovaire. En admettant ce fait, il est permis de nier la conséquence que l'on en tire, et que l'on a cru péremptoire en faveur de la fécondation des vésicules des ovaires, parce qu'il n'est pas démontré par là, que, dans les trois jours qui ont suivi l'accouplement, les spasmes de la matrice et ceux surtout qui ont dû résulter de l'opération, n'aient pas refoulé le produit de la conception dans la trompe avant sa ligature.

L'on a aussi tiré un argument spécieux de l'analogie des enveloppes au milieu desquelles se trouvent les petits des ovipares et des vivipares, pour faire admettre les vésicules des ovaires de ceux-ci pour de véritables œufs. Mais cette analogie est plutôt supposée que réelle, car pour le fœtus des vivipares, rien ne représente la coque ni la membrane vitelline avec ses cercles ou zones, non plus que le jaune et son germe; dans les œufs, si l'on peut considérer l'enveloppe du blanc comme le chorion, l'on ne trouve pas l'amnios ni le placenta, car la vitelline que Haller a vu se prolonger dans les intestins du poulet, représentant la vésicule ombilicale, ne peut représenter l'amnios ni le placenta.

Il est vrai qu'en plaçant l'embryon dans une vesicule de l'ovaire, l'on aurait déjà une membrane toute formée; mais il en resterait plusieurs autres qui ne le seraient pas, car on en reconnaît trois autour du fœtus des mammifères, savoir : la membrane caduque, ou l'épichorion, le chorion, l'amnios. L'allantoïde paraît n'être qu'une prolongation ou un épanouissement de l'ouraque entre le chorion et l'amnios, pour diriger les urines du fœtus dans la vessie. Or, si la nature en forme une ou deux sans le secours d'une vésicule, elle peut bien en former une troisième et une quatrième, comme elle peut aussi former un placenta et un cordon ombilical qu'on ne voit pas dans les vésicules ni dans les œufs. Les membranes du fœtus, le placenta, le cordon, sont des spécialités inhérentes à la qualité du principe fécondant, comme le sont également la queue et les branchies des têtards de grenouille, les larves et les métamorphoses des insectes ; et il faut bien que la nature en trouve la façon hors de l'œuf, où tout cela n'est qu'en tendance et en puissance (*in potentia*), en vertu de lois générales préétablies, que nous ne connaissons que par leurs effets.

C'est la même nature qui fait tout, et ce qu'elle n'a pas renfermé dans un œuf, elle doit le trouver dans les deux principes de vivification qu'elle s'est ménagés de la part du mâle et de la femelle. Ainsi, elle n'est pas plus embarrassée pour former les diverses membranes propres à isoler le fœtus, qu'elle ne l'est pour former les diverses parties de son corps toujours sur le même modèle, où, si l'on veut, pour former les enveloppes des différens kystes dans lesquels elle isole les humeurs extravasées et dégénérées.

La nature a des moyens si faciles de produire des membranes, que, dans les môles hydatiques ou vésiculaires, chaque hydatide en a une double, outre celles qui entourent toute la môle, sans le secours d'un œuf qui les ait fournies.

Dans les plantes, l'ovule au moment où il commence à poindre, n'est, suivant les observations de M. de Mirbel, qu'une petite excroissance pulpeuse sans enveloppe ni ouverture perceptible. Bientôt il s'y présente une masse cellulaire centrale, recouverte jusqu'à son sommet exclusivement, de deux enveloppes superposées, ayant chacune un orifice à sa partie supérieure, correspondant l'un à l'autre. D'abord très-petits, ils s'élargissent graduellement, et, après avoir atteint au dernier degré de dilatation, ils se resserrent et se ferment. Dans beaucoup d'espèces, les enveloppes se présentent sous la forme de deux larges godets, dont l'un contient l'autre sans le cacher entièrement; dans d'autres espèces, ils figurent assez bien les tubes d'une lunette d'approche.

La masse cellulaire centrale, fixée par sa base au fond de l'enveloppe interne, se prolonge en dehors comme un long cône : dans plusieurs espèces elle se dilate en un sac tout-à-fait clos, puis se soude à la seconde enveloppe, et disparaît; dans d'autres espèces elle a une plus longue durée, soit sous la forme rudimentaire, soit sous la forme plus parfaite de troisième enveloppe. La première ébauche de la poche que Malpighi a nommée *amnios*, est comme un boyau délié, tenant par un bout au sommet de l'ovule, et par l'autre à sa base : il se renfle, et refoule de tous côtés le tissu ambiant. Un fil à peine perceptible descend du sommet de l'ovule dans cette cinquième et dernière enveloppe, et y tient suspendu un globule, qui est l'embryon.

Tous les ovules d'un même ovaire ne sont pas également développés au même moment, et le sont d'autant moins qu'ils sont plus éloignés de l'axe de l'ovaire. Selon M. Auguste Saint-Hilaire, chaque ovule serait attaché à l'ovaire par deux cordons vasculaires, destinés, l'un à la transmission des sucs nourriciers, l'autre à la transmission de la matière fécondante. Mais M. R. Brown assure que ce second cordon n'existe que très-rarement, et que ce n'est qu'après les premiers développemens de l'ovule, qu'il se soude à son orifice. Cette dernière opinion est aussi celle de M. de Mirbel, qui en a démontré, par des sections délicates, la justesse pour les plombagines et les euphorbes. V. *Analyse des travaux de de l'Académie des Sciences (partie physique) pendant l'année* 1828, *par M. Cuvier, secrétaire perpétuel.*

Dans le règne végétal, les œuvres de la reproduction sont moins cachés à nos sens que dans le règne animal; et l'étude du premier de ces deux règnes peut nous faire découvrir un grand nombre d'analogies propres à nous éclairer dans ce qu'il ne nous est pas donné d'observer dans le dernier. Il faut encore, pour ne pas circonscrire les œuvres de la nature dans les limites d'un savoir partiel, consulter ses productions et ses opérations dans le règne inorganique, et, cependant ne tirer, de l'ensemble des phénomènes des trois règnes comparés entre eux, que des inductions compatibles avec les lois qui régissent exclusivement le domaine de chacun.

Qu'une bulle d'air ou une petite portion de gaz soit mise en expansion dans le corps animal, elle affecte, par sa légéreté spécifique, une direction excentrique, et arrive hors de la masse du liquide où elle se trouvait, entourée d'une couche de ce liquide, soutenu sur sa périphérie, avec une désinence en forme de queue qui s'effile, au lieu de se détacher brusquement, parce que sa tendance excentrique est modérée par les obstacles ambians, et la ténacité de son enveloppe avec la masse qui l'a fournie. Voilà une hydatide ou un kyste pédiculé tout formé, sans plus d'art ni d'embarras que n'en éprouve un enfant à former des bulles d'eau savonneuse, en les soufflant dans l'air avec une pipe de terre. C'est probablement par un procédé analogue que se forme le chorion, qui, par une exsudation lymphatico-plastique, se couvrira de l'épichorion, ou de la membrane caduque, au moyen de laquelle s'opère son adhérence à la matrice, et qui, par une exsudation interne plus subtile, donnera lieu à sa doublure par l'amnios ; l'épichorion et l'amnios étant trop lâches et trop ténus pour produire et soutenir une exsudation plastique, ils n'opèrent la formation d'aucun autre tissu membraneux sur leur surface. C'est parce que l'imagination veut trop compliquer les opérations de la nature, qu'elles paraissent difficiles.

Lorsque les membranes fétales sont formées, et elles doivent l'être préliminairement, pour isoler et soustraire la nouvelle existence qui doit naître, aux influences trop fortes de l'économie au sein de laquelle elle sera formée, une partie du contenu de ces membranes, qui ne peut être purement gazeux dans une atmosphère aussi chargée d'élémens divers, se condense par l'épaississement que la chaleur produit dans l'albumine, ainsi que par la contractilité qui s'y développe de plus en plus. Il en résulte un point primordial, autour duquel viennent se ranger les élémens organiques dont le mouvement est facilité par le fluide du milieu où ils se trouvent : c'est de l'association élective de ces élémens, association qui doit être favorisée par leur légèreté spécifique et leur homogénéité primitive, que résulte ce que l'on appelle le germe ou l'ébauche de l'embryon, et ce premier principe de vie, étant posé, continue d'attirer à lui les élémens organiques dont la perméabilité des membranes permet l'accroissement dans l'ordre et la proportion de leurs similitudes et de leurs affinités, à peu près comme cela se fait pour une cristallisation, mais cependant avec cette différence que, dans le règne animal, les élémens étant plus divisés, plus ténus, plus glutineux, plus mobiles, plus compliqués et plus dilatables, se prêtent plus ou moins, à raison de la différence de leur composition, à la dilatation opérée par les fluides impondérables, que la contractilité péristaltique des tissus et la chaleur mettent en mouvement et en circulation pour la formation et l'entretien des cavités et des canaux de la nouvelle économie, conformément au type de son origine. Les fluides impondérables, et surtout les gaz désignés en général sous les noms d'*esprit* et d'*ame* (*spiritus, anima*) par les anciens qui n'en connaissaient pas toutes les différences, sont les principaux mobiles de la circulation, et les plus puissans moyens de l'économie animale pour l'entretien de la vie. En effet, elle cesse par le défaut de respiration, et se trouve en souffrance lorsque les gaz manquent, surabondent ou se distribuent inégalement dans le canal alimentaire chez les adultes, parce que l'absorption du chyle, la nutrition, les sécrétions et l'expulsion des excrémens deviennent difficiles et irrégulières, lorsque les gaz remontent en éructation ou donnent lieu à des distensions douloureuses par leur stagnation, comme on le voit chez les hypochondriaques, les hystériques et chez presque tous les malades.

Ainsi, les fluides impondérables paraissent non-seulement comme les premiers agens de la vie dans l'embryon, mais aussi comme ses principaux moyens de conservation dans l'adulte, et l'on sait que le fluide électrique, appliqué aux nerfs, surtout par les appareils galvaniques, remplace jusqu'à un certain point l'influx nerveux, en simulant les phénomènes de la vie, encore assez long-temps après la mort.

Il me semble que personne n'a mieux expliqué la première formation de l'homme, qu'Hippocrate, dans le passage suivant : « Mais, en se formant, la chair se sépare de l'esprit, et ce qu'il y a en elle de semblable, se rapproche de son semblable, le dense du dense, le rare du rare, l'humide de l'humide ; chaque chose arrive à sa destination propre, et se joint à ce qui lui est analogue par affinité et par origine. Ainsi tout ce qui provient d'élémens denses est dense ; tout ce qui provient d'élémens humides est humide, et c'est le même mode de formation pour le reste ; les os condensés par la chaleur se durcissent.... L'esprit y pénètre aussi par les parties supérieures, c'est-à-dire par la bouche et les narines, distend le ventre et les intestins qui en reçoivent et en absorbent aussi d'en haut par le nombril, en lui offrant une issue hors du ventre et des intestins, par l'anus et la vessie. C'est par la force de l'esprit que chaque partie se dessine, car c'est lui qui les sépare toutes, en les écartant en raison de l'affinité du genre (1). » Pour rendre son explication plus facile à comprendre, le père de la médecine propose de faire entrer de la terre, du sable, de la limaille de plomb très-fine et de l'eau, dans une vessie, au moyen d'un tube, en y soufflant ensuite de l'air : tout se mêlera alors dans l'eau, dit-il, mais avec le temps, le mouvement produit par le souffle s'apaisera, le plomb se portera avec le plomb, la terre avec la terre, et le sable avec le sable. Sans recourir à d'autres expériences, ne voit-on pas journellement que l'huile, mêlée avec de l'eau, s'en sépare et se

(1) At vero caro dum increscit, a spiritu discernitur, in eaque simile quodque ad id quod sibi simile fertur, densum ad densum, rarum ad rarum, humidum ad humidum, ferturque unumquodque in proprium locum ad id cum quo cognationem habet et ex quo etiam ortum est. Et quæcumque ex densis orta sunt, densa sunt, et quæcumque ex humidis humida, reliquaque ad eamdem rationem augentur, caloreque ossa condensata durescunt... At jam superioribus etiam partibus, ore nempe et naribus, spiritum trahit, et venter spiritu inflatur, eoque inflata intestina; ex superioribus per umbilicum insuper spiritum accipiunt, et absumunt, et a ventre ac intestinis in podicem similiterque in vesicam via foras patet. Atque horum singula vi spiritus distinguntur; spiritu namque distenta omnia pro generis affinitate distant. (Hipp., *De natura Pueri*, p. 238.)

réunit en surnageant; que dans les distillations, la chaleur isole les diverses substances qui, ensuite, se réunissent à leurs semblables par sublimation ou par précipitation, et qu'au moyen des réactifs, l'on isole aussi, sous l'influence de leurs affinités réciproques, les divers élémens de la dissolution d'un mixte, dont les parties similaires, dégagées, vont se grouper ensemble? Ainsi il y a départ de tous les élémens, puis rapprochement de ceux qui se ressemblent, par l'affinité, la légéreté et la pesanteur spécifique, l'expansibilité, la contractilité, visible même dans les plantes, la pression atmosphérique, la chaleur, le froid, qui glace la partie aqueuse du vin et non la partie alcoolique, le mouvement, la dilatation, la dissolution, l'évaporation, etc. Ce n'est que par une fausse idée de l'inertie attribuée à la matière, que l'on a si long-temps méconnu et que l'on méconnaît encore les causes secondaires d'un grand nombre de phénomènes. N'ayant à traiter que de la génération ou de la première synthèse de l'homme, ce serait sortir de mon sujet que d'en suivre l'accroissement et le développement successifs, et il ne me reste qu'à examiner les causes qui empêchent la propagation et celles qui la font dévier de son type ordinaire.

CHAPITRE IX.

Des causes de stérilité et d'impuissance.

On appelle fécondité, chez la femme, l'aptitude à devenir mère, et chez l'homme, l'aptitude à faire concevoir la femme et à la rendre mère. L'inaptitude à ces mêmes fonctions s'appelle stérilité.

Le mode de fécondation des animaux, n'est point un objet de simple curiosité; il intéresse la politique, la morale, la jurisprudence et l'industrie agricole, aussi bien que la médecine sous les divers rapports de la population, des unions licites et illicites, de la filiation, de la successibilité, du viol, de la grossesse et de la multiplication des animaux. Une femme peut accuser un homme d'impuissance et demander le divorce, ou se plaindre d'avoir été violée, ou avoir un enfant dont elle cache le véritable père, pour obtenir de plus grands avantages d'un autre homme plus riche, etc. En cas de dénégation, sous prétexte d'impuissance ou de stérilité parfaite, de conformation vicieuse, l'examen médico-juridique des organes de la génération, devient indispensable.

On lit dans le *Bulletin de la Faculté de médecine de Paris*, nº V, faisant suite au *Journal de Médecine*, de juin 1815, une observation de M. Vorbe, sur un hypospadias qui, né au village d'Ecublé, arrondissement de Dreux, en 1755, fut baptisé comme fille sous les noms de *Marie-Jeanne G.*, et plus tard appelé *Marie Pierrot*, à cause de ses habitudes masculines et grossières. Accusé de larcins de volaille, et condamné à trois mois d'emprisonnement par un jugement du tribunal correctionnel de Dreux, du 27 ventose an 10, il fut transféré, pour le soustraire aux visites des curieux, dans la maison de détention de Chartres, chef-lieu du département d'Eure-et-Loir, et enfermé avec les femmes. Le préfet, attentif à l'état des prisons, ayant appris que la conformation des organes génitaux de cet individu excitait la curiosité, et jugeant combien il serait immoral et indécent qu'un homme fût renfermé avec des femmes, fit constater son sexe équivoque par les médecins et chirurgiens chargés du service des prisons, et, sur leur rapport, que *Marie Pierrot* était un homme dont les organes sexuels étaient mal conformés, et qu'il n'avait rien du sexe féminin, ce magistrat voulut qu'il habitât le quartier des hommes, et lui en fit fournir et porter les habits, que la fausse Marie, désignée comme *journalière*, n'aurait pu se procurer. Le temps de sa détention étant achevé, cet individu n'osant retourner au pays, demanda un passeport, qui lui fut délivré sous les noms de *Denis-Jacques G.* Plus tard il revint au pays, et ayant été employé dans une manufacture, il s'y attacha assez fortement à une femme, pour se croire père de l'enfant dont elle se trouvait enceinte, et demanda à l'épouser. Mais, pour le marier, il fallait son acte de naissance, où il était désigné comme fille, sous les noms de *Marie-Jeanne G.*, et son passeport n'étant pas un titre suffisant, il en résulta qu'il ne put être marié comme homme, que son enfant ne put être inscrit au rang des enfans légitimes; et n'aurait pu hériter de son père, si celui-ci, plus riche, n'était mort le 19 de septembre 1810, à l'hôpital de Dreux. Cette observation en dit assez pour faire sentir l'importance du sujet que je traite.

L'obscurité qui règne encore sur plusieurs points de la génération, empêche de connaître et d'apprécier convenablement toutes les causes de la stérilité, qui sont très-variées, et dans quelques cas si insaisissables, que plus d'une fois les faits sont venus démentir les apparences et les présomptions. Il y a des stérilités absolues dont l'explication est difficile, et qu'il faut plutôt chercher dans quelques vices de première formation que dans les systèmes; telle est celle que l'on observe dans les genisses qui proviennent d'une portée de jumeaux de sexes mâle et femelle. On peut, à quelques exceptions près, en dire autant des mules qui se distinguent des autres métis par une stérilité que les anciens croyaient absolue comme le prouve le proverbe latin, *quum mula peperit*, *lorsque la mule aura mis bas*, pour dire, *jamais*. Hebenstreit n'ayant pas trouvé d'ovaires tuberculeux aux mules, attribuait leur stérilité à l'absence de ces organes qui s'y trouvent néanmoins, selon Graaf (*de Organ. generat.*, p. 183), et doivent s'y trouver, puisque toutes ne sont pas stériles. Dioclès de Cariste, que les Athéniens décoraient du nom de *second Hippocrate*, attribuait la stérilité des mules à la petitesse et à la situation vicieuse de leur matrice. Il pensait aussi que les femmes pouvaient être stériles, par un coït trop fréquent, en appauvrissant l'humeur qu'elles fournissent à la génération, ce qui n'est pas impossible, et peut se concevoir aussi des hommes trop ardens. Il considérait aussi avec raison la paralysie ou le peu de sensibilité de la matrice, comme une disposition défavorable à la conception. Mais si un coït trop fréquent, la paralysie, ou l'insensibilité des organes génitaux, sont des causes de stérilité, nul doute que la masturbation n'en soit une cause fréquente dans les deux sexes.

La stérilité des hommes et des femmes, qui mérite plus particulièrement notre attention, reconnaît beaucoup d'autres causes; telles sont les vices de conformation, l'état de souffrance et le défaut de proportion relative des organes génitaux, de même qu'un défaut de rapports sympathiques entre le moral et le physique des deux époux. La stérilité n'est qu'accidentelle ou relative, quand une opération, l'emploi de quelques moyens hygiéniques ou pharmaceutiques, un changement de circonstances ou d'union peuvent y remédier; au lieu qu'elle est absolue, quand les causes sont de nature à ne pouvoir être combattues, comme le défaut de matrice, l'absence, le squirrhe ou la désorganisation des ovaires, des trompes, des artères spermatiques, le défaut de communication de la cavité utérine avec les ovaires par l'obturation ou l'occlusion des trompes ou par l'implantation de la partie supérieure du vagin dans la vessie ou dans l'intestin rectum, ainsi que par son agglutination et celle du museau de tanche. Il y a des cas qui prouvent que l'hydropisie et même le squirrhe et le cancer partiel de l'utérus ne mettent pas toujours obstacle à la grossesse, non plus que les diverses espèces de leucorrhées. Selon Baudelocque et plusieurs auteurs cités par lui (*Art des Accouchemens*, *chap.* III, vol. I., p. 148 — 1794), des femmes dont le vagin s'ouvrait dans le rectum, et dont les parties extérieures manquaient entièrement, sont devenues mères, et d'après cela il est permis de conclure que celles dont le vagin s'ouvre dans la vessie avec communication dans l'utérus pourraient aussi le devenir ; et le docteur Champion de Bar-sur-Ornain a fait connaître un cas d'un élargissement du canal de l'urètre tel, qu'il a pu admettre le membre viril comme le vagin.

On remédie à l'occlusion du vagin par la membrane de l'hymen au moyen d'une incision, moyen qui peut aussi être opposé, dans quelques cas, à son oblitération par conglutination, par une excroissance ou une tumeur ; et quand la tumeur a une tige en forme de polype, on peut aussi en opérer le détachement par l'étranglement ou la ligature. L'obliquité de l'orifice utérin n'empêche pas la fécondation, lorsque l'éjaculation spermatique se fait à l'entrée du vagin. Les bains thermaux, tels que ceux de Plombières, de Sylvanès, etc., les voyages d'agrément, les lectures érotiques, les exercices en plein air, l'usage intérieur des martiaux, de la moutarde et d'autres toniques ou stimulans, propres à favoriser la nutrition, sont des moyens convenables dans la faiblesse des organes et l'absence des desirs vénériens. Le musc paraît aussi agir favorablement comme nervin. M. de Cazelles, médecin à Toulouse, a employé l'électricité avec succès dans un cas d'épuisement et d'abolition des facultés viriles, et, selon Manduit, Mazard en aurait observé le même résultat dans des circonstances analogues et contre les pertes involontaires de semences, après l'abus des plaisirs vénériens.

Les bains tièdes d'eau douce, la diète lactée, l'usage alimentaire des légumes mucilagineux, herbacés, humectans, des fruits, l'éloignement des spectacles, des lectures érotiques, de la danse, un sommeil peu prolongé, la sobriété, l'abstinence du vin, des épices, des stimulans, le séjour à la campagne, les exercices corporels en plein air, conviennent aux personnes pléthoriques, grasses, d'un tempérament chaud ou exalté, et à celles dont les organes sont durs et rigides. Quant aux causes morales, les événemens, le changement de climat, un nouveau mariage mieux assorti, et même le temps, peuvent y remédier; car on a des exemples de femmes qui, après quinze, vingt ans et plus de stérilité, sont devenues fécondes, telle que Anne d'Autriche, qui, après avoir été stérile vingt deux ans, accoucha de Louis XIV.

On distingue ordinairement l'impuissance de la stérilité, d'abord en appliquant exclusivement l'impuissance à la stérilité des hommes, parce qu'elle a été présumée ne venir que de l'impossibilité d'exercer le coït; et en second lieu, en comprenant sous cette dénomination l'impossibilité où peuvent se trouver l'un et l'autre sexe d'exercer les fonctions génitales. C'est dans cette acception que nous employons ce terme, parce qu'elle est plus conforme à son véritable sens, et que d'ailleurs la stérilité peut coïncider avec la faculté d'exercer l'acte de la génération dans toute sa plénitude, sans qu'il en résulte une fécondation. C'est ce qui arrive dans les cas de stérilité relative. On désigne aussi l'impuissance sous le nom d'*anaphrodisie*, et la stérilité sous celui d'*agénésie*, et c'est sous ces dénominations que le docteur Descourtilz les a désignées dans une Dissertation publiée en 1814. Belloc rapporte, dans son *Cours de Médecine légale*, qu'un mari n'ayant pu obtenir d'enfans de sa femme, après 14 ans de mariage, et voulant savoir si c'était sa faute, s'adressa ailleurs, et qu'il résulta de ce commerce deux enfans, fruits de deux grossesses. Cet homme étant mort, sa veuve, âgée de 36 ans, se remaria à un jeune homme dont elle eut aussi deux enfans. Voilà un exemple de stérilité relative sans impuissance.

La chute de la matrice et celle du vagin, désignées par Callisen, la première sous le nom d'*hystéroptose*, et la seconde sous celui d'*élytroptose*, avec ou sans inversion, sont en même temps des causes d'impuissance et de stérilité chez la femme, mais non absolues ; car on y remédie dans la plupart des cas, en opérant la réduction et en la maintenant par la situation horizontale ou par l'usage du pessaire.

Il y a quelquefois occlusion du vagin par une double membrane, ce qui n'empêche pas toujours la conception, et Ruysch rapporte l'observation d'une femme qui, en travail depuis trois jours, ne pouvait accoucher. La tête qui bombait en dehors ne pouvait franchir à cause de l'hymen qui était très-tendu, et dont l'incision fut faite sans succès, parce qu'il y avait une autre membrane située plus profondément dans le vagin ; ce ne fut qu'après l'avoir incisée aussi, que l'enfant sortit. L'occlusion du vagin par l'hymen, qui ne cause ordinairement aucune incommodité avant la puberté, peut, en mettant obstacle à l'irruption des règles, causer les accidens les plus graves et même la mort; simuler la grossesse, l'hydropisie, la physconie; produire des douleurs hystériques, l'œdème des extrémités inférieures, etc., par l'épanchement du sang dans la matrice, sa pression sur les vaisseaux et les nerfs, ou par la congestion qui se fait dans l'abdomen, la poitrine et la tête. Il est souvent facile de remédier à cette incommodité; mais il est aussi arrivé que, dans des cas de coalescence du vagin, ou du peu de précaution de l'opérateur, l'on a fait à la vessie ou à la matrice des blessures dangereuses ou mortelles.

Les causes de l'impuissance diffèrent donc de celles de la stérilité, en ce que celles-là rendent le coït impossible et sont ordinairement extérieures. La plus irrémédiable de toutes pour l'homme, c'est l'extraversion de la vessie qui sort par la ligne blanche au-dessus du pubis, et couvre totalement ou en grande partie la verge qui, retirée en dedans, déborde à peine sur l'arcade pubienne, et ne paraît être d'aucun usage pour l'excrétion des urines qui coulent continuellement, ni pour l'excrétion du sperme. Ces causes peuvent aussi être relatives et morales de la part du mari, par exemple, quand tous ses moyens étant comme paralysés, il devient anaphrodite par une antipathie insurmontable, une difformité ou une malpropreté repoussantes dans la femme, une indignation portée à son comble, la crainte d'un affront, et toute impression morale, capable de prédominer l'impulsion physique, comme cela s'est vu plus d'une fois dans l'épreuve du congrès ou coït juridique, que l'on croit avoir pris son origine dans le quatorzième siècle, par l'effronterie d'un jeune homme qui, accusé d'impuissance, offrit de prouver le contraire en présence d'experts, quoique Venette, dans son *Tableau de l'Amour conjugal*, prétende en trouver des traces dans les lois romaines. Le marquis de Langey, accusé d'impuissance par sa première femme, en 1657, après environ quatre ans de mariage, demanda l'épreuve du congrès pour sauver son honneur; elle est ordonnée et lui devient contraire, quoique des experts aient au préalable trouvé les deux époux tels qu'ils devaient être pour engendrer. De Langey allègue des excuses, et demande une seconde épreuve qui lui est refusée. Son mariage est déclaré nul, avec défense à lui de se remarier. Il proteste contre le jugement, et s'étant remarié, il eut sept enfans de sa seconde femme. Les restitutions auxquelles il avait été condamné donnèrent lieu à un procès qui ne fut terminé qu'après sa mort, et dont le procureur-général Lamoignon tira parti pour s'élever avec force contre le scandaleux abus du congrès, dont l'épreuve fut enfin interdite par un arrêt du parlement du 18 février 1677, avec d'autant plus de raison qu'il n'offrait de chance favorable qu'à l'impudeur et à l'impudence. Boileau en avait déjà montré le ridicule dans sa satire VIII, composée en 1667, par les quatre vers suivans :

Jamais la biche en rut n'a, pour fait d'impuissance,
Traîné du fond des bois un cerf à l'audience;
Et jamais juge entr'eux, ordonnant le congrès,
De ce burlesque mot n'a sali ses arrêts.

Chez l'homme, la stérilité peut provenir non-seulement de l'impuissance, mais aussi du défaut de sperme. Au moins, dans une instance en justice, pour obtenir le divorce, la femme d'un Anglais allégua-t-elle, pour motif, que son mari n'avait point *d'encre dans sa plume*. Toutefois, si la chose n'est pas invraisemblable dans certains cas, elle ne peut jamais devenir le prétexte ni le motif d'un divorce, parce qu'il est impossible d'en constater la réalité, tant que l'on n'aura pas établi, d'une manière indubitable, les caractères qui distinguent la liqueur prolifique des excrétions de la prostate et de celles des glandes disséminées dans le canal de l'urètre, ni constaté en quoi la semence féconde diffère de l'inféconde dont Hippocrate fait le partage des Scythes qui avaient été saignés derrière les oreilles. Il est certain que la sécrétion du sperme diminue, se détériore et cesse même entièrement par l'effet des maladies, de l'âge, et par l'ablation ou la désorganisation des testicules, comme le prouve l'exemple des eunuques et des castrats, qui peuvent encore exercer un coït stérile.

La brièveté, le volume, la longueur disproportionnée du membre viril, tels que l'introduction en soit impossible ou trop douloureuse; sa courbure ou sa rétraction, par l'exiguité du frein, de manière à nuire à l'éjaculation directe, un phimosis propre à l'empêcher de franchir l'enceinte du prépuce, une polysarcie abdominale qui s'opposerait à l'approche suffisante des sexes, une lacération du canal de l'urètre, la perte ou l'ablation de la verge, l'imperforation convenable du canal de l'urètre par hypospadias ou autrement, voilà, avec le cas de pseudo-hermaphrodisme, quelles sont les causes physiques de stérilité et d'impuissance chez l'homme; encore ne faut-il pas induire une stérilité absolue de toutes ces causes, et puisqu'il y a des exemples où l'ablation presque totale de la verge et l'hypospadias n'ont pas mis obstacle à la génération, on doit en admettre la possibilité par la simple éjaculation spermatique dans la vulve à l'entrée du vagin, malgré le volume, la longueur ou la courbure du membre.

Il y a toutefois impuissance absolue chez les hommes affectés de l'extroversion congénitale de vessie qui, dans ce cas, forme à travers les tégumens abdominaux, au-dessus du pubis, une saillie d'un rouge de chair fongueuse, sous la forme d'un champignon, dont la tige, fléchie en dessous, serait simulée en bas par le bout de la verge, de laquelle on ne verrait que le gland retourné le bas en haut, avec une goutière superficielle sur laquelle tombent les urines par un suintement involontaire, sans aucun jet. L'on conçoit que cet état rend impossible l'intromission du membre et aussi l'éjaculation du sperme, en supposant que la sécrétion s'en opère régulièrement. Je n'ai rencontré ce vice de conformation que deux fois, et toujours chez des enfans en bas âge. Mais le docteur Desgranges de Lyon rapporte (*Recueil périod. de juillet* 1829), qu'un nommé Décor, cultivateur, âgé de 28 ans, taille d'environ cinq pieds, voix forte, barbe noire au menton, sans poils d'ailleurs, robuste et bien musclé, avec un petit scrotum ridé et relevé, où l'on sent un testicule de chaque côté, n'a aucune velléité vénérienne, ni désir quelconque de titillation, chose peu vraisemblable avec tous les organes propres à la sécrétion du sperme. Ce jeune homme portant une ceinture qui soutient une vessie garnie d'une éponge en forme de poche, pour recevoir ses urines, se livre à la marche et aux travaux champêtres. M. Desgranges, qui a fait connaître un cas semblable, en 1788, dans l'ancien *Journal de Médecine*, tome LXXIV, dit avoir aussi observé ce vice de conformation chez une personne du sexe où il peut n'être pas une cause de stérilité comme dans l'homme, à cause de la différence de conformation et de situation des parties sexuelles. On remédie à la rétraction qui provient de l'exiguité du frein par l'incision de ce dernier, et il est aussi possible de remédier par une opération chirurgicale au phimosis et à l'hypospadias, lorsque le canal de l'urètre, existant, n'est qu'obstrué à son extrémité.

On lit dans le tome VIII du *Recueil périodique de la Société de Médecine de Paris*, qu'un soldat nommé Schmit, âgé de 34 ans, portait depuis son enfance une perforation de l'urètre, située au périnée, par où sortaient les urines et le sperme. Le docteur Marestin, ayant reconnu, en introduisant un stylet boutonné par cette ouverture, que le canal de l'urètre était creux jusqu'à l'extrémité du gland, où il se trouvait bouché par une membrane qui avait probablement causé la crevasse du périnée, fit placer ce soldat comme pour l'opération de la taille, et soulevant la membrane avec un stylet boutonné, pratiqua une incision qui remédia complètement à cette infirmité.

Selon Paul d'Egine et Jean de Gorris, l'hypospadias consisterait dans une perforation de l'urètre à la base du gland : *dicitur* ὑποσπαδιας *cui glans sub vinculo vel freno illo perforata est.* Cette définition paraît basée sur un symptôme indiqué par l'étymologie du mot, qui vient de ὑποσπαω, *je tire dessous*, parce que le frein étant très-court, ou manquant absolument, lorsque l'urètre s'ouvre à l'origine du gland, celui-ci est tiré en bas, et l'extrémité du pénis quelquefois recourbé au point d'empêcher le coït ou de le rendre infécond. Ainsi, quoique, d'après l'usage, ce mot désigne une ouverture contre nature dans l'urètre, l'étymologie ne l'indique pas précisément, et c'est par erreur que des collaborateurs du *Dict. des Sc. méd.* disent le contraire, et interprètent σπαω par *je divise, j'écarte*. Lassus (*Pathologie chirurgicale*, t. 2, p. 468 et s. — 1809) distingue trois espèces d'hypospadias, dont la première est caractérisée par l'ouverture de l'urètre à la base du gland dans la fosse naviculaire; la seconde, par son ouverture près du scrotum, et la troisième, par son ouverture au fond d'une division longitudinale du scrotum en forme de vulve. En parlant de la première, il dit: « Quelquefois le gland est un peu courbé en bas pendant l'érection, ce qui met obstacle à la copulation. » C'est ce phénomène qui, ayant plus particulièrement fixé l'attention et l'opinion des anciens, a déterminé le choix du terme, son sens étymologique, ainsi que sa définition subséquente, quand on en eut reconnu la cause. C'est souvent en n'attachant pas la même signification aux mots que les anciens, que nous mettons leurs doctrines en défaut, et que nous leur prêtons des erreurs qui, dans les limites de leur sens, n'en étaient pas ; c'est ainsi que, dans leur acception, l'hypospadias devait être une cause de stérilité, et en était une en effet dans l'opinion des médecins grecs, tandis que dans notre acception beaucoup moins restreinte ce n'en est pas toujours une. C'est parce qu'il y a, comme l'a observé Petit (*OEuvres posthumes*, t. 2, p. 433,), interruption entre le tissu spongieux de l'urètre et du gland, que celui-ci, ne participant pas à la turgescence érectile, se trouve pendant ou rétracté dans cette espèce de difformité. Pour nous conformer au langage reçu, nous emploierons ce terme dans son acception usuelle, pour désigner une ouverture du canal de l'urètre, au-dessous de la verge, n'importe la distance du pubis ou du gland, et nous conserverons aussi le mot *épispadias* déjà adopté, pour tous les cas où le même canal s'ouvre sur le dos du membre viril. Cependant, comme il existe des rétractions ou courbures du gland, par la brièveté du frein qu'il faut quelquefois inciser, sans qu'il y ait d'ouverture contre nature du canal de l'urètre, je crois qu'il serait plus convenable de remplacer le premier de ces deux termes par le mot *hypoourèse*, et le second par *épiourèse*, ce qui indiquerait que l'on pisse au dessous ou au dessus du pénis, de ϐρεω, je pisse, ϐύρεσις, pissement, et de ύπο, dessous, et επι, dessus.

Dans la seconde espèce d'hypospadiasis, observée par plusieurs auteurs, tels que Tulpius, Blasius, Haller, et très-bien représentée dans la planche onzième du tome 1. des *Mémoires de chirurgie d'Arnaud*, on remarque, dit Lassus, *l. c.*, un sillon ou une espèce de gouttière qui se prolonge depuis l'extrémité du gland jusqu'à l'ouverture de l'urètre, près le scrotum, et le jet de l'urine se fait horizontalement dans la direction de la verge. Quant à la troisième espèce, il faut observer que celui qui en est affecté est ordinairement pris, au moment de sa naissance, pour un enfant du sexe féminin, qu'il a le gland bien ou mal conformé, mais imperforé, à peu près semblable à un clitoris d'un volume excessif. Le même auteur ajoute qu'on ne guérit par une opération l'imperforation de l'urètre, que lorsque le méat urinaire est fermé accidentellement par une membrane, ou lorsqu'il est très-étroit. Il est clair, judicieux et précis dans son livre, comme il l'était dans ses leçons, que je me suis toujours applaudi d'avoir suivies.

Le succès de l'opération pratiquée par Marestin, prouve qu'il ne faut pas trop généraliser les inductions que l'on peut tirer de plusieurs faits particuliers, et que Sabatier, auteur d'ailleurs très-savant, s'est trompé en disant (p. 440 tome 1 de la *Médecine opératoire*, édit. de 1796) : « Si cette ouverture (de l'hypospadias) répond à la racine de la verge, l'humeur séminale ne peut être portée à l'endroit convenable, et les sujets ainsi disposés ne peuvent avoir d'enfans. C'est un malheur auquel il n'y a pas de remède. » Cet auteur recommandable, dont les leçons et les conseils pratiqués m'ont été bien utiles, dissuade avec raison de toute opération chirurgicale qui aurait pour but d'inciser le gland, lorsque l'hypospadias existe à sa base, parce que l'expérience a prouvé que les personnes ainsi conformées sont capables d'engendrer, à part le danger d'une hémorrhagie considérable et la grande sensibilité de cette partie. Il avait néanmoins reconnu la possibilité de rétablir le cours naturel des urines par le canal de l'urètre, en incisant la membrane d'où pouvait provenir son occlusion, et il cite des succès obtenus par de Cabrole et Littre sur de jeunes filles qui rendaient les urines par le nombril ; ce qui semblait indiquer que la même opération devait pouvoir remédier au même vice chez les garçons, dans quelques cas, comme l'a très-bien compris Marestin.

Sabatier a remarqué que chez les enfans affectés d'une hypoourèse à la racine de la verge, celle-ci ne faisant guère plus de saillie que le clitoris de quelques filles, pouvait induire en erreur sur le sexe, d'autant plus facilement, que la peau des bourses paraît enfoncée à leur partie moyenne, et qu'il s'y est une fois mépris lui-même dans une circonstance où plusieurs personnes de l'art étaient d'un avis différent du sien. « Le sujet que nous avions sous les yeux, dit-il, était âgé de 12 à 14 ans ; il n'avait pas encore de testicules dans les bourses; sa voix était grêle comme celle d'une fille, parce qu'elle n'avait pas mué; il avait la peau délicate et blanche: son embonpoint aida à me tromper, en ce que je crus apercevoir en lui des mamelles qui étaient prêtes à se développer : il grandit, et toutes ces apparences se dissipèrent : c'était un garçon. Voilà la franchise et l'ingénuité du vrai savant qui est encore plus empressé d'avouer ses erreurs, que de relever celles des autres, pour l'avantage de la science.

J. P. Frank a connu un homme dont le gland était imperforé, et dont le canal de l'urètre s'ouvrait au-dessous du frein, à qui l'on ne pouvait disputer la paternité de trois enfans (1). Quand l'ou-

MM. Breschet et Pinot font mention, dans le *Dict. des sc. méd.*, t. XXIII, p. 215, de « l'observation rapportée par Frank (*De curandis hom. Morb.*, l. VI, p. 313), à l'égard d'un hypospadias qui s'était transmis de père en fils jusqu'à la troisième génération. » Il y a

verture du canal de l'urètre est loin de l'extrémité de la verge, les urines, en tombant, peuvent salir les vêtemens, si les sujets ainsi affectés, n'ont le soin de renverser le gland sur le dos de la verge pour uriner. C'est dans des cas pareils que l'hypospadiasis semble devoir causer surtout la stérilité, et néanmoins on lit, pag. 363 du t. XXXVII du *Recueil périodique*, rédigé par M. Sédillot jeune, l'observation d'un homme devenu père de plusieurs enfans, dont l'urètre s'ouvrait à environ deux pouces de l'extrémité du membre. Gaultier de Glaubry père, en rendant compte de cette observation à la Société de médecine de Paris, a cité deux faits analogues de sa connaissance; Petit-Radel, (*Encyclopédie*, article *Chirurgie*), en cite un autre, et Morgagni (*De Sedibus et Causis morborum*, *Epist.* 46, art. 8., l. 3), en a fait con-

erreur de leur part, s'ils ont entendu donner le sens du passage suivant, qui est à la p. 513, et non 313 de l'ouvrage cité : *Glandem penis imperforatam, cum vicario subtus ad frenuli deficientis locum orificio rotundo, quin tamen aut urinæ aut seminis impediretur excretio, in viro nobilissimo qui trium prolium certe pater erat, et nos observavimus*. Ceci : *Qui trium prolium certe pater erat*, signifie *qui était certainement père de trois enfans*, et non *de trois générations*; ce qui supposerait plus d'un père. *Proles* indique la descendance ou les enfans de l'un et l'autre sexe. Ils citent aussi le t. III de la *Médecine opératoire* de Sabatier, pour l'hypospadias dont il traite dans le premier. Par *Gorée*, dont les auteurs rappellent la définition de l'hypospadias, ils ont probablement voulu désigner *de Gorris*, latinisé par *Goreus*; car je ne connais point d'auteur du nom de *Gorée* qui ait parlé de cette infirmité.

naître d'autres. C'est donc à tort que le professeur Mahon, trompé probablement par l'opinion des anciens et de plusieurs modernes, a dit, pag. 48 du 1er vol. de son *Traité de Médecine légale et de Police médicale :* « Toutes les fois qu'il y a déviation du canal de l'urètre, soit qu'il se termine à la face inférieure ou supérieure du gland, ou bien encore de la verge, le coït peut, dans ce cas, avoir lieu, mais il ne sera jamais prolifique; et l'expérience vient à l'appui de cette proposition, c'est-à-dire qu'aucun individu ainsi conformé n'a jamais été propre à la génération. »

Cependant Fabricio, autrement dit Aquapendente du lieu de sa naissance, assurait déjà (*Opera chirurgica*, cap. 69), qu'il avait vu des enfans engendrés par des hypospades. Les *Ephémérides des curieux de la nature* (*An* 3, 162, *Obs.* 98) font mention d'un homme affecté de ce vice de conformation, qui eut plusieurs enfans ; et (*An* 9, 1679, *Observ.* 105) d'un autre homme qui, avec le même vice, ne put point en avoir. Ruysch, qui avait regardé l'hypospadias comme une cause de stérilité dans un cas, modifia depuis cette opinion en disant (*Animadvers.* 4) que ceux qui en sont affectés fécondent rarement leurs femmes, à cause que l'éjaculation séminale ne se fait point en ligne directe : *Homines hoc affectu laborantes raro imprœgnant uxores, ut pote semine non recto tramite prosiliente.*

Nous donnerons plus tard une explication qui fera voir que l'éjaculation en ligne directe n'est pas impossible.

Quelquefois le canal de l'urètre s'ouvre au-dessus de la verge alors ordinairement très-courte, si elle ne manque pas entièrement, et aboutit à une rainure tracée entre les deux corps caverneux et sur le gland qui est très-rapproché de l'arcade des pubis. On donne le nom d'*épispadias* à ce vice de conformation, beaucoup plus rare que le précédent. Ruysch paraît en avoir parlé le premier (1). Saltzmann, professeur d'anatomie à Strasbourg, en a ensuite publié une observation en 1734, dans les *Actes des curieux de la nature*, (t. IV, *Obs.* 65). Le docteur E. Gaultier de Glaubry l'a observé sur un soldat de vingt-neuf ans, qu'il fit réformer, et a fait mention de plusieurs observations analogues à la sienne. (*Recueil périod.*, t. LI, pag. 170 et 452.) M. Réveillé-Parisse en a observé un avec le docteur Lafeuillade, sur un enfant de deux mois et demi, et il en donne la description suivante, tom. LV, p. 351, du

(1) Meatus urinarius qui inter duo corpora nervosa parte inferiore repit in corpore bene constituto, hic contra situm habet in penis dorso, per quem iter facit, id quod nunquam antea observavi. (*Thesaur.*, *Anatom.* 3, *asser* 2, n° 22.)

même *Recueil :* « Le pénis n'existe point. On voit seulement, à la base de l'arcade du pubis, un gland presque aussi volumineux que dans l'âge adulte. Ce corps est partagé par une scissure assez profonde à son sommet, mais où l'on ne remarque point l'ouverture de l'urètre, comme dans l'état naturel. Le prépuce consiste dans un petit prolongement de la peau, situé à la face inférieure du gland La face supérieure de celui-ci est à nu et creusée par un demi-canal qui s'étend depuis le sommet jusqu'au pubis. Cette gouttière sans profondeur est l'extrémité du canal de l'urètre ; sa longueur est de quelques lignes seulement ; car ce canal est tout-à-fait complet, aussitôt qu'il a franchi l'arcade sous-pubienne ; ce qui le prouve, c'est que les urines, loin de s'échapper en nappes, quand elles sont poussées avec force, forment un jet en arcade du côté du ventre... Les testicules nous ont paru plus volumineux qu'ils ne le sont chez les enfans de deux mois et demi. On voit que cet épispadias ne diffère que de très-peu de chose de ceux qui ont été décrits par plusieurs auteurs, et tout récemment par MM. Breschet et Em. Gaultier de Gaubry. Les parens, comme on peut s'y attendre, nous ont demandé si cet enfant serait apte à la génération. Que répondre à cette question ? Si la fécondation se fait par l'*aura seminalis*, nul doute que cet individu ne puisse l'opérer, mais s'il faut un contact immédiat, d'après l'hypothèse de Spallanzani et d'autres savans, *jamais l'éjaculation séminale, quelque forte qu'on la suppose, ne pourra suppléer à l'absence du pénis.*

C'est à cause de l'incertitude de l'auteur sur la capacité générative des sujets ainsi affectés, et surtout à cause de l'impossibilité supposée de l'éjaculation séminale, que j'ai rapporté de préférence son observation, qui d'ailleurs est bien rédigée. Puisque la manière dont se fait la fécondation est encore problématique dans ce qui concerne la communication du sperme, il faut, pour en établir la possibilité dans une circonstance donnée, recourir aux faits qui en constatent la réalité dans des circonstances analogues Or, comme il est prouvé que l'ouverture du canal de l'urètre, à la partie inférieure de la verge, même loin de son extrémité, n'a pas empêché des sujets ainsi affectés d'engendrer, on ne peut raisonnablement révoquer en doute la même capacité chez les sujets où le même canal s'ouvre à la partie supérieure, même près de l'arcade du pubis, quand l'urine sort en jet parabolique, ou est dirigée dans la cannelure longitudinale qui règne sur le dos du pénis.

Il en serait autrement si le gland, ne participant point à la turgescence de la verge dans l'érection, se renversait sur l'ouverture de l'urètre dans le coït. Morgagni cite, *l. c.*, un exemple de ce phénomène chez un homme de moins de trente ans, qui, marié depuis trois ans, n'avait point eu d'enfans, et dont le canal de l'utètre, percé en dessous, présentait trois ouvertures en forme d'ellipse, qui paraissaient être celles de trois petits canaux de l'urètre, dont la partie longitudinale supérieure se prolongeait en rainure lisse et rouge au-delà de son ouverture, comme cela s'observe dans la plupart des cas jusque sur le gland. Celui-ci, n'étant recouvert que supérieurement et latéralement par le prépuce qui manquait à sa partie inférieure, ressemblait, sous ce rapport, à un clitoris, ce qui s'observe aussi chez d'autres hypospades. Le même auteur rapporte encore que déjà Harvey et de Graaf avaient observé que, chez plusieurs hypospades, le pénis rengaîné en quelque sorte à l'intérieur, et à peine visible dans l'état ordinaire, tant il était petit, prenait, chez certains sujets, un accroissement considérable dans l'érection, et que ce développement fait concevoir comment le sperme peut être porté assez loin dans le coït pour opérer la fécondation, d'autant plus que le canal de l'urètre se trouve pour ainsi dire réintégré dans sa longueur ordinaire, par le contact immédiat de sa partie défectueuse avec le vagin, et qu'ainsi le sperme doit se diriger dans la rainure ou gouttière tracée par ce qui reste longitudinalement de la membrane urétrale, dont la partie inférieure manque seulement dans la plupart des cas. Morgagni corrobore cette explication très-plausible par l'exemple du pénis des tortues et des vipères, dont le plancher inférieur de l'urètre manque naturellement, et se trouve suppléé par la tunique vaginale dans le coït.

Dans l'observation rapportée par Salzmann, le gland était divisé, à sa partie supérieure, par le prolongement d'un demi-canal provenant de l'urètre, qui paraissait fendu longitudinalement, à peu près comme cela se fait dans une démonstration anatomique pour en voir l'intérieur. L'urine ne sortait point par jet, avec impétuosité, mais coulait lentement sur cette surface cannelée, presque pleine, sans diverger ni s'éparpiller. Au lieu d'être percée d'un canal, la verge des autruches et des casoars n'a qu'une rainure, ou un sillon longitudinal, par lequel le sperme se porte dans l'oviducte des femelles.

Je crois qu'il est permis de conclure de tout cela, jusqu'à ce que l'expérience ait prononcé péremptoirement, qu'il est très-vraisemblable que les épispades, ou les épiouriques, dont la moitié inférieure de l'urètre se prolonge en rainure jusque sur le gland, comme la moitié supérieure des hypospades, sont, tels que ceux-ci, capables d'engendrer, sauf quelques exceptions qui peuvent tenir à des circonstances accessoires dans ces deux espèces de difformité.

CHAPITRE X.

De l'hermaphrodisme.

On entend par hermaphrodisme la coexistence du sexe masculin et du sexe féminin dans un seul et même individu ; mais il n'a point de réalité dans l'espèce humaine, et c'est toujours un vice de conformation des parties génitales qui en a imposé aux observateurs superficiels qui en ont cité des exemples ; en sorte qu'il aurait pu en être traité dans le chapitre précédent, s'il n'était encore admis, parmi les médecins, comme une anomalie spéciale, qui demande une description à part ; et il n'a pas été confondu non plus avec les autres vices de conformation dans le grand *Dictionnaire des Sciences médicales*. Il n'y a d'ailleurs pas toujours stérilité ni impuissance absolue dans les sujets affectés de la conformation des parties génitales qui simule l'hermaphrodisme dans les espèces où il n'est pas naturel, car il est prouvé qu'un déplacement, ou une ectopie de la matrice, un clitoris volumineux, etc., en ont plus d'une fois imposé sur le sexe d'une femme, et que Lecat, Morand et plusieurs autres ont pris des hypospades pour des hermaphrodites. « On sait, dit Lassus, *l. c.*, p. 472, que les hermaphrodites proprement dits n'existent point. Jamais un individu, dans l'espèce humaine, n'a joui de la double faculté d'engendrer et de concevoir, en réunissant dans sa personne les organes générateurs de l'homme et de la femme. » Quoique l'existence de cette anomalie ait été admise comme une réalité incontestable, dans les temps où l'éducation ne consistait guère qu'en traditions et en croyances aveugles des doctrines que le temps avait sanctionnées, on ne peut même en concevoir la possibilité physiologique. En effet, puisque la nature, toujours d'accord avec elle-même, est constante à reproduire les mêmes êtres, et que tous les phénomènes prouvent qu'elle ne dévie jamais du type primordial, si quelqu'accident ne vient troubler l'œuvre qu'elle a commencée, il s'ensuit que, ne se prêtant pas à la formation de deux sexes dans les animaux destinés à n'en avoir qu'un, il est impossible qu'il y en ait deux, à moins que l'on ne suppose aux accidens fortuits, non-seulement le pouvoir de déranger ses opérations, mais aussi celui de vicarier ses fonctions, ce qui est absurde et contradictoire. Il faut conclure de là que, dans le cas où il lui serait offert des principes élémentaires pour deux sexes différens, elle formerait deux êtres, ou des jumeaux de sexe différent, puisque telle est sa tendance constante, et que d'ailleurs deux choses ne peuvent occuper le même lieu en même temps : ainsi, pour avoir deux sexes où le type primordial n'en présente qu'un, il faudraît non-seulement qu'ils fussent l'œuvre de l'accident ou du hasard, mais aussi que l'un fût transposé hors du lieu occupé par l'autre ; ce à quoi s'opposent également l'impulsion évolutive de la nature, et la résistance des autres parties ébauchées en même temps que celles des sexes (1).

L'on cite cependant des exemples d'individus qui, réunissant les deux sexes, auraient été de véritables hermaphrodites ; et l'on en compte jusqu'à deux que l'on regarde comme plus authentiques que les autres. L'un est Humbert Jean-Pierre, né à Bourbonne-les-Bains, et mort en 1767, à l'âge de 17 ans, dont l'histoire a été

(1) *Voy.* une dissertation de Wrisberg, intitulée : *Commentatio de singulari genitalium deformitate, in puero hermaphroditum mentiente*, dans les *Commentationes soc. reg. scient.* Gotting., t. XIII, 1795, p. 14.

consignée dans le 2e vol. des *Mémoires de l'académie de Dijon*, par le médecin Maret, père de l'ancien secrétaire d'État du même nom; dans le *Traité de médec. lég. de Mahon;* dans le 21e vol. du *Dictionnaire des sciences médicales*, article *Hermaphrodite*, par M. Marc. Jean-Pierre avait, dit-on, à gauche, les parties sexuelles de l'homme, et à droite, celles de la femme. Mais l'on avoue que l'impossibilité de disséquer assez promptement les parties fit détacher le bassin, et ne permit pas de s'assurer où aboutissaient les vaisseaux spermatiques du côté droit, et cela seul suffirait pour faire douter de l'existence réelle de tant de richesses accumulées dans un espace aussi rétréci que l'arcade des pubis. En effet, le défaut de vagin, de clitoris, de grandes et de petites lèvres, ou de scrotum, de museau de tanche dans la prétendue matrice pour communiquer au vagin, de tubercules ou vésicules dans le prétendu ovaire trouvé à droite; d'un autre côté, la présence d'un pénis composé, comme tous les autres, de deux corps caverneux implantés contre les ischions, d'un corps spongieux, d'un gland avec son prépuce et sa fossette, d'un urètre ouvert à sa racine et communiquant avec les vésicules séminales; la présence aussi d'un testicule à gauche, avec son cordon spermatique complet; tout cela comparé à l'étroitesse de l'arcade pubienne sous laquelle, à moins d'une difformité dont on ne parle pas, n'auraient pu se réunir les appareils organiques des deux sexes, fait bien voir que chez Jean-Pierre l'on a transformé en ovaire le testicule droit qui n'était pas descendu dans les bourses, le débris de ses vaisseaux spermatiques en trompe, et une tumeur morbide trouvée dans une poche au milieu d'environ un verre de liquide rougeâtre en une matrice borgne : tant il est doux de rencontrer du merveilleux, et de voir ce que personne n'a encore vu ! Telles sont les conclusions auxquelles l'on est forcé d'arriver, en lisant la description anatomique de ce prétendu hermaphrodite, qui avait, est-il dit, du côté droit, *un corps ovoïde* dont on a fait un ovaire, sans en avoir examiné la structure, ni avoir décrit ses rapports avec *un autre corps dur, de couleur de marron, d'environ un pouce et demi de long sur un pouce de large, qui fut trouvé dans une poche, au milieu d'à peu près un verre de liquide rougeâtre*, dont, sur ces apparences, on a fait une matrice, parce qu'il en fallait une pour la rareté du fait, en lui donnant une petite trompe adhérente au prétendu ovaire, sans museau de tanche ni communication avec un vagin, etc., comme si les caractères d'une matrice étaient d'être *dure, brune, et logée dans une poche, au milieu d'un liquide rougeâtre*, etc. S'il y avait là deux sexes, leurs appareils auraient été rognés de plus de moitié, car la description qu'on en donne n'en laisse pas même présumer un complet.

L'autre exemple d'hermaphrodisme véritable aurait été observé en 1807, à Lisbonne, par le médecin Handy, sur un individu âgé de 28 ans, qui, selon les expressions du docteur Fournier, t. IV, p. 164 du *Dict. des Sc. méd.*, art. *Cas rares*, « réunissait au plus haut degré de perfection les parties sexuelles de l'homme et de la femme, avait les traits mâles, le teint brun, un peu de barbe au menton, le pubis (le *penis* probablement), les testicules, le scrotum, situés comme ils le sont ordinairement sous la forme et presque le volume qu'ils présentent chez l'homme adulte.

Les organes du sexe féminin étaient absolument semblables à ceux d'une femme bien conformée, à l'exception des grandes lèvres plus rapprochées de l'urètre et plus petites; la voix, les manières et tout ce qui dans l'habitude sert à caractériser le sexe féminin, assignaient ce sexe à l'individu en question. Cet hermaphrodite avait ses règles tous les mois; elle a été deux fois enceinte, mais elle a avorté au troisième mois et au cinquième. Cet être extraordinaire n'a jamais cherché à s'unir avec une femme, quoiqu'il fût ardent aux plaisirs de l'amour. »

L'auteur de qui j'ai emprunté les termes de la

description qu'on vient de lire, fait ensuite les réflexions suivantes, ce qui me dispense de faire les miennes sur le même sujet dont le penis, les testicules et le scrotum m'auraient déjà paru douteux, par la seule circonstance que *les grandes lèvres étant plus rappochées de l'urètre* que d'ordinaire, dénotaient l'existence d'un clitoris ou d'un hypospadias, etc. « En lisant cette observation, continue M. Fournier, l'on voit que cet individu, le plus parfait de tous les hermaphrodites, puisqu'il avait des testicules et une verge, n'était qu'une femme, il a engendré comme font les femelles, il s'accouple de même; il a une verge, mais le canal de l'urètre est imparfait, le membre ne sert à remplir aucune fonction; il a un peu de barbe; mais ne voit-on pas une foule de femmes que la nature afflige de cette marque désagréable de la virilité. Ses mœurs sont celles de la femme, il en a toutes les parties sexuelles, la voix, la structure, il est assujéti comme elles aux révolutions menstruelles; il n'a aucun goût de l'homme. »

La difformité des organes sexuels, soit qu'elle vienne de première formation ou de maladie, pourrait être telle qu'il fût difficile et peut-être impossible de déterminer, sans crainte d'erreur, le véritable sexe d'un individu avant sa mort et sans le secours de la dissection. Il est au moins présumable qu'une pareille difficulté s'est présentée chez Marie-Dorothée Derrier, de Berlin, puisque Hufeland et Mursinna qui l'ont vue à l'âge de 22 ans, à l'hôpital de la Charité de cette ville, où elle était entrée en 1801, pour une maladie de la peau, l'ont déclarée femme; que Starck et Mertens l'ont déclarée garçon, et que Metzger à qui elle fut présentée à l'âge de 23 ans, à Kœnigsberg, n'ayant pas trouvé de quoi en faire un homme ni de quoi en faire une femme, n'osa se prononcer. Au reste, voici la description qu'en donne Hufeland, sous le titre d'*hermaphrodite femelle*, (*Journal der pratischen Heilkunde*, t. XII, p. 170) : « Marie-Dorothée D., actuellement âgée de 22 ans, est petite, brune, d'une constitution délicate et d'une taille bien proportionnée; son visage qui ressemble à celui d'une femme, a un peu de barbe; sa voix est moins celle d'une femme que celle d'un homme, et sa poitrine qui est plate, est tout-à-fait celle d'un homme. Elle a une verge d'un volume considérable, mais bien et parfaitement formée, presqu'entièrement dégagée des autres parties, pourvue d'un prépuce complet et mobile sur le gland, susceptible de faibles érections, surtout le matin, ne couvrant, dans son état naturel, qu'imparfaitement les parties de la génération, mais dépourvu de l'urètre quoi-

18

qu'il y ait une petite fossette rouge à l'endroit ordinaire au milieu du gland.

Les grandes lèvres sont dans l'état tout-à-fait naturel, les petites peu apparentes, le méat urinaire est sous la verge ; le vagin est si étroit qu'il admettrait à peine le tuyau d'une plume ; le bassin est entièrement formé comme celui d'une femme, et les règles se sont établies dans l'ordre accoutumé depuis quelques années. Il n'y a aucune trace de testicules ni d'impulsion érotique, l'on a au contraire remarqué dans toutes les occasions la pudeur, la chasteté et la décence propres au sexe féminin.

Ainsi, l'existence manifeste des organes et des qualités propres à la femme, l'absence des testicules, parties essentielles de la virilité, ne peuvent faire admettre cette personne que pour une femme avec un clitoris monstrueux, que sa voix mâle, sa barbe et le défaut de mamelles rapprochent de la virilité, ou plutôt de ce que l'on nomme en latin *virago*. »

L'on voit, d'après ces détails, que Hufeland a principalement motivé son jugement sur l'absence des testicules qui, chez les hommes, restent quelquefois cachés dans l'abdomen, ce qui arrive surtout quand les sages-femmes et les guérisseurs de maux qui n'existent pas en empêchent la descente dans les bourses, par des bandages, sous prétexte de guérir les hernies des enfans nouveau-nés. Il est certain, d'après cela, que l'on serait grandement exposé à se tromper sur le sexe d'un individu, en basant son jugement sur l'absence des testicules, sans pouvoir vérifier s'ils n'existent pas ailleurs que dans les bourses; et c'est probablement là ce qui a empêché le professeur Metzger de se prononcer, vu qu'un flux de sang périodique peut aussi devenir le partage des hommes dans certaines circonstances produites par l'idiosyncrasie ou par les maladies, etc. Pour arriver à plus de certitude, il aurait fallu porter une sonde dans le vagin ou dans la vessie, et introduire en même temps le doigt indicateur dans le rectum, pour s'assurer, par leur rapprochement, s'il y avait ou non un utérus chez cet individu. Metzger dit, en parlant de Marie-Dorothée Derrier, dont il a revu la conformation vicieuse chez un enfant de 5 à 6 ans, que de tels individus dont les organes sexuels sont si difformes, qu'on ne peut leur attribuer aucun sexe, sont ceux que l'on pourrait peut-être regarder avec raison comme hermaphrodites (1).

(1) Dieienigen koennten vielleicht eigentlich mit Recht Zwitter genannt werden, deren Geburtstheil so missgestaltet sind, dass sie zu keinem Geschlecht füglich gerechnet werden koennen. Unter dieser Anzahl rechne ich Maria Dorothea Derrier. (S. meine *Gericht. med. Abh.*, I, p. 177, u. ff.) Jch habe seitdem ein ganz æhnlich gebildetes Kind von 5-6 Jahren gesehen (V. *Kurzggefasstes System. der gerich. Arzneiw. von J. D. Metzger,* 1805.)

Voyez d'ailleurs l'article *Hermaphrodite*, par M. Marc, dans le *Dict. des sc. méd.*, p. 103.

Sous le titre de *Jacqueline Foroni rendue à son véritable sexe*, a paru à Milan, an x (1802), l'histoire détaillée d'un garçon élevé comme fille, dont je me contenterai d'extraire ce qui suit. Quatre membres de la classe médico-chirurgicale de l'Académie virgilienne de Mantoue, Tonni, Tinelli, Paganini et Ballardi, avec le commissaire des guerres François Siauve, le professeur de peinture Campi, partirent, avec l'autorisation du gouvernement, le 13 mai 1802, pour Roverbella, où ils s'adjoignirent le podestat Madaschi et son secrétaire Tambelli : ils se rendirent chez les parens de Jacqueline, alors occupée dans les champs à cueillir des feuilles de mûrier. Ils apprirent de sa mère que ses parties sexuelles avaient, à sa naissance, présenté une légère différence à laquelle on attacha d'abord peu d'importance; que, plus tard, deux sages-femmes de Roverbella et celle de Villafranca avaient assuré qu'elle était réellement du sexe féminin, mais qu'une défectuosité l'exposerait à perdre la vie dans un premier accouchement, si elle se mariait; qu'elle avait 23 ans, qu'à 18 ans elle avait éprouvé par deux reprises différentes une légère hémorrhagie aux parties sexuelles, et que quelques dérangemens de santé l'avaient fait recourir plusieurs fois à la saignée et à d'autres remèdes; que toutefois elle jouissait d'une bonne santé. Elle ajouta qu'elle avait toutes les habitudes du sexe féminin, et on sut aussi que ses affections la portaient vers le sexe masculin. A l'arrivée de Jacqueline, le podestat la détermina à se prêter à un examen dont il ne pouvait résulter aucun désagrément pour elle, vu qu'on ne croyait plus à l'existence des hermaphrodites, comme dans les temps d'ignorance. L'ayant fait déshabiller, on reconnaît dans cet individu, de la taille de quatre pieds dix pouces quatre lignes et quart, bien proportionné, des poils à la lèvre supérieure et au menton, qui, ne se terminant pas en pointe, avaient été coupés; quelques autres poils épars sur les bras et sur les cuisses; l'éminence, appelée pomme d'Adam, très-prononcée; des clavicules grosses et saillantes; la poitrine plate, des mamelles saillantes, arrondies en forme d'hémisphères aplatis, avec un petit noyau mamillaire; un intervalle de 13 pouces 11 lignes 3/4 d'un acromion à l'autre; un bassin étroit dans sa partie supérieure, ayant de la crête d'un ileum à l'autre 9 pour 10 lignes, tant par devant que par derrière; les fesses petites et resserrées; l'arc des pubis aplati, le sacrum presque droit; le coccix arqué à sa pointe et très-incliné vers l'anus; les deux fémurs presque droits; la rotule grosse et large, le bas-ventre peu saillant, le mont de Vénus maigre et aplati, garni d'un poil presque noir et touffu; au dessous, deux bourses en forme de poires, longues d'environ 3 pouces, la droite plus longue de quelques lignes que la gauche, parsemées de quelques poils rares, lesquelles ressemblaient à deux grandes lèvres mal conformées, et étaient divisées par une fente qui de la symphise des pubis descendait jusqu'au périnée; on sent dans chaque bourse un corps ovale, irrégulier, mollasse et assez sensible, surmonté d'un vaisseau d'inégale grosseur, que l'on peut suivre avec les doigts jusqu'à l'anneau inguinal, divisé transversalement en deux parties égales. En écartant ces deux bourses, on découvre supérieurement un corps long d'un pouce, gros comme un doigt index ordinaire, de la figure d'un membre viril, ayant son gland pointu, avec une couronne assez saillante et recouvert en partie d'un prépuce qui, tiré légèrement, le recouvre tout-à-fait; on remarque dessous une certaine quantité d'humeur sébacée. En relevant ce membre sur les pubis, on voit par dessous une entaille ou rainure dont les deux lèvres latérales, rapprochées avec les doigts, offrent un canal qui se prolonge jusqu'au gland, en forme d'urètre naturel : à la racine de ce membre renversé sur les pubis se présente, sous forme d'entonnoir ou de vagin, une ouverture rouge, très-lisse, vasculaire, sans poils ni rides, où l'on peut introduire deux doigts sans résistance. En introduisant le doigt, on sent un fond mollasse, sans pouvoir franchir au delà. En y introduisant une sonde de gomme élastique, elle entre facilement, sans mandrin, jusque dans la vessie, et sert de canal à l'urine, qui s'échappe en abondance. La sonde, avec son mandrin, promenée en divers sens, ne fait découvrir aucune autre ouverture. On n'a découvert ni utérus, ni vagin. De tout cela, les commissaires ont conclu à l'unanimité que Jacqueline était un garçon, et que son inclination pour les hommes, de préférence aux femmes, était une aberration morale (*gioco morale*), que son éducation, sa croyance et ses habitudes ont produite. En effet, selon Zacchias, un hermaphrodite doit être réputé homme par le seul fait de la présence des testicules ou seulement d'un seul, même sans apparence des autres parties de la génération; et, dans le cas précédent, se trouvaient les deux testicules, le membre viril, etc., sans aucune partie réelle du sexe féminin.

Le docteur Sonsis de Crémone a observé, en 1795, et fait connaître un cas à peu près pareil, chez Christine Zanneboni, qui avait pris la fuite pour se soustraire à un mariage avec un homme pour lequel elle n'avait point d'inclination, étant elle-même du sexe masculin, quoique regardée et élevée comme fille.

On peut être trompé sur le sexe d'une femme, lorsque, par une descente de matrice, le museau de tanche fait saillie en dehors, sous forme de membre viril, comme chez Marguerite Malaure, qui, en 1693, vint à Paris en habit d'homme, l'épée au côté et le chapeau retroussé, se croyant elle-même hermaphrodite, et crue telle partout Paris, même dans les assemblées de médecins et de chirurgiens où elle se fit voir, jusqu'à ce que le chirurgien Saviard, moins crédule et plus attentif que les autres, eût déclaré, en la voyant, que *ce garçon avait une descente de matrice*, et eût fait cesser toute ambiguité en la réduisant. Cette femme, dont on peut lire l'histoire dans les *OEuvres de Saviard* et dans l'*Encyclopédie méthodique*, présenta, après sa guérison, une requête au roi, pour pouvoir reprendre les habits de femme, malgré un jugement des Capitouls de Toulouse, qui lui avait enjoint de porter les habits d'homme.

Ce qui peut aussi en imposer, c'est l'occlusion du vagin par un développement extraordinaire de l'hymen ou d'une membrane analogue, coïncidant avec un prolongement du clitoris et des petites lèvres appliquées dessus, en recouvrement; ce qui simule le membre viril d'un homme affecté d'hypospadias. Telle était Adeline Lefort, âgée de 16 ans, qui se montrait comme hermaphrodite pour une légère rétribution, et qui, arrêtée sous des habits d'homme, par la police, le 13 d'octobre 1814, à Paris, fut conduite à la maison de la Petite-Force, où le docteur Jacquemin, qui en était médecin, s'assura que c'était une femme dont il a donné une notice avec une gravure dans le tome LII du *Recueil périodique*, ou *Journal général de Médecine*. Il paraît que c'est le même sujet qui a été désigné et décrit sous les noms de *Marie-Madeleine Lefort*, dans le *Bulletin de la Faculté de médecine de Paris*, de 1815, nº 11, d'après un rapport du professeur Béclard, qui avait été nommé avec MM. Chaussier et Petit-Radel pour en constater le sexe. « *Il paraît* enfin, dit M. Béclard, que la personne soumise à l'examen de la Société est une femme. On découvre en effet chez elle plusieurs des organes essentiels du sexe féminin (un utérus, un vagin); tandis qu'elle n'a du sexe masculin que des caractères secondaires, comme la proportion du tronc et des membres, celle des épaules et du bassin, la conformation et les dimensions de cette cavité, le volume du larynx, le ton de la voix, le développement des poils, l'urètre prolongé au-delà de la symphise des pubis, etc. »

L'expression *il paraît* du commencement de ce

passage, rapprochée de celles qui le terminent, annonce du doute sur le véritable sexe de *Lefort*, d'où l'on peut conclure qu'il y a des individus dont le sexe n'est pas facile à déterminer sans le secours de la dissection.

M. Béclard semble admettre dans son rapport à la Société de l'Ecole de médecine de Paris, d'après Arnaud (*Dissertation sur les hermaphrodites*), Mascagni (*Mémoires de l'académie italienne*), Laumonier (*Pièces en cire du muséum anatomique de la Faculté*, n° 25), et le sujet observé à Lisbonne en avril 1807 par Handy (*Medical repository*, n° 45), qu'il peut se rencontrer dans l'espèce humaine un hermaphrodisme stérile, c'est-à-dire que les organes de l'un et l'autre sexe peuvent coexister incomplètement dans le même individu. Mais les faits sur lesquels il appuie son opinion ne me paraissent pas assez authentiques pour l'admettre. On sait que l'urètre peut se partager en plusieurs canaux, qu'il y a des hommes qui ont trois testicules, etc., et en pareils cas la prévention, l'amour du merveilleux et la légèreté convertiront sans hésiter un testicule en ovaire et un canal urétral en vagin; j'ai déjà noté qu'un mari, sans s'en douter, avait exercé le coït par le canal urétral de sa femme qu'il avait pris pour le vagin.

L'hypospadias coïncidant avec une division bifide et un renfoncement du scrotum par une bride du canal de l'urètre ou autrement, peut également simuler l'hermaphrodisme ou faire prendre le change sur le sexe. Le docteur Vorbe a communiqué en 1815 l'observation d'un individu de cette espèce à la Société de l'Ecole de médecine de Paris, et celle-ci l'a consigné dans le dixième numéro de ses *Bulletins* de la même année. Il y est dit que le 9 janvier 1792 un enfant fut baptisé sous les noms de Marie-Marguerite, par le curé de Bu, arrondissement de Dreux; que le chirurgien du lieu, consulté pour une douleur et une tumeur de l'aine droite, à l'époque du développement des organes de la génération, crut que c'était une hernie, et donna un bandage; que ce bandage, qui faisait souffrir au lieu de soulager, ayant été mis de côté, la tumeur (un testicule) descendit et ne fit plus souffrir; que Marie, élevée comme fille pour les occupations du ménage, leur préférait en grandissant les travaux des champs, et qu'à vingt-deux ans, ses parens sachant qu'elle n'était pas faite comme les autres, ni réglée, la soumirent, pour ne pas abuser le fils d'un vieil ami qui la demandait en mariage, à l'examen du docteur Vorbe, qui, ayant reconnu un scrotum divisé en deux loges avec un testicule dans chacune et une verge imparfaite par l'existence d'un hypospadias très-compliqué, déclara que Marie ne pouvait se marier comme femme, qu'elle était homme. Sur une requête présentée au tribunal de première instance de Dreux, pour faire réformer l'acte de naissance et constater le sexe masculin, il fut ordonné le 16 octobre 1813, sur le rapport du président et les conclusions du ministère public, que Marie-Marguerite N. serait vue et visitée par trois médecins ou chirurgiens. En conformité de ce premier jugement, le 9 du même mois, les docteurs ayant procédé à la visite requise, firent le rapport suivant :

« Examen fait, nous avons reconnu que le scrotum était divisé dans toute son étendue; dans chacune de ces divisions, un corps que nous reconnaissons être un véritable testicule, dont le droit est plus volumineux et plus descendu que le gauche, et entre ces deux corps une prolongation charnue ayant une fente à son extrémité et imperforée, recouverte par un prolongement de la peau, qui n'est autre chose que le prépuce et sa prolongation; la verge très-peu développée, et au dessous, à un pouce et demi environ en avant de la marge de l'anus, une ouverture qui est la véritable ouverture de l'urètre. Quant au reste du corps, nous n'avons rien vu d'extraordinaire, si ce n'est un développement plus considérable des mamelles, que nous attribuons à la forme des vêtemens qu'elle a portés jusqu'à ce moment, nous estimons que le véritable sexe de Marie-Marguerite N. est le masculin. »

Quoique le procureur du roi trouvât ce rapport incomplet, en ce que les experts, se bornant à l'examen des parties sexuelles, n'avaient rien dit de l'habitude du corps, de la barbe, de la voix, etc., il n'empêcha pas l'adoption des conclusions, et le tribunal déclara Marie-Marguerite N. appartenir au sexe masculin, ordonna que cet homme quitterait ses habits de femme, et que son acte de naissance serait et demeurait rectifié.

Un individu pareil au précédent a été présenté à l'Académie royale de médecine de Paris, à la fin de l'année 1824. Voici ce qu'en a publié le docteur Miquel dans le numéro du 5 janvier 1825 de la *Gazette de santé*, devenue très-intéressante par sa rédaction et le choix des articles : « On a présenté à l'Académie de médecine un individu que l'on montrait aux environs du Palais-Royal comme une espèce d'hermaphrodite. Il résulte de l'exploration qui en a été faite, que cette prétendue femme barbue n'est autre chose qu'un homme dont le scrotum bifide est surmonté d'un pénis imperforé à son extrémité et présentant seulement à sa racine l'ouverture extérieure de l'urètre. Le doigt introduit dans le rectum, tandis qu'une sonde était portée dans la vessie, a fait reconnaître qu'il n'y avait point d'utérus, et que ce vice de conformation n'était autre chose qu'un nouvel exemple d'hypospadias. M. Flamant, présent à cette séance, a rapporté un exemple tout-à-fait semblable qu'il avait récemment observé à Mézières.

Ne peut-on pas présumer avec beaucoup de vraisemblance que deux hommes se trouvaient unis par le mariage dans le cas suivant rapporté par Baudelocque, *l. c.* p. 148? « Nous avons eu occasion de connaître en 1785, dit cet auteur, une femme âgée de vingt-huit ans, grande et bien constituée, chez qui l'on ne découvrait aucun indice de la matrice, quelque profondément qu'on introduisît le doigt dans le rectum, et qu'on déprimât de l'autre main la région hypogastrique; une membrane très-épaisse, que les efforts répétés de l'acte du mariage avaient alongée, semblait voiler l'entrée du vagin, et fournir en cet endroit, quand on l'enfonçait avec le doigt, une espèce de cul-de-sac de la profondeur d'un pouce. Cette femme a la plupart des inclinations de notre sexe; elle aime la chasse, cultive les lettres, etc., et n'a jamais rien ressenti qui annonçât la rétention du sang menstruel, ni même le besoin d'éprouver cette évacuation; elle est mariée, et ne remplit ses devoirs de femme que très-imparfaitement et sans en goûter les douceurs. »

En comparant cette observation avec celles qui

précèdent, il est difficile de douter que la femme dont parle Baudelocque ne fût réellement un homme hypospade, marié comme femme à un autre homme, et certainement cette prétendue femme ne présentait pas au physique et au moral des caractères aussi apparens et aussi spécieux du sexe féminin que l'hypospade dont j'ai rapporté l'historique sous le nom de Jacqueline Foroni, qui croyait avoir eu ses règles, présentait un urètre en forme de vagin qui se terminait en cul-de-sac, avait, par son éducation, contracté le goût et l'habitude des occupations du sexe féminin, éprouvait de plus de l'inclination pour les hommes, et avait même été sur le point d'en épouser un.

En supposant la rencontre d'un hermaphrodisme véritable dans l'espèce humaine, qui ne me paraît admissible que dans le cas de deux corps chacun de sexe différent, réunis en un seul, comme dans les monstruosités, j'aimerais mieux en attribuer la cause, de même que celle d'une différence de sexe dans les jumeaux, à une égalité d'énergie générative dans les deux parens, que de la chercher dans l'explication suivante, donnée par M. Marc, p. 112 du vol. XXI du *Dict. des Sc. méd.* « Pour expliquer jusqu'à un certain point l'origine de l'hermaphrodisme, je pense qu'il est indispensable de supposer, avec

Home, que la destination sexuelle ne préexiste pas dans le germe, et qu'elle ne s'y établit que par l'acte de la fécondation; que par conséquent chaque germe pouvant devenir, selon les circonstances, mâle ou femelle, cet acte peut quelquefois et sous des conditions que nous ignorons, s'écarter de ses effets ordinaires sur le germe, de manière à produire dans les rudimens de l'appareil génital, soit une indétermination de tendance plastique, soit une tendance en quelque sorte double ou divergente, dont l'une suit plus ou moins imparfaitement les lois d'après lesquelles se forme l'organisation génitale d'un sexe, tandis que l'autre affecte celles qui président à la formation de l'organisme génital de l'autre sexe. »

En étudiant cette explication que je ne me flatte pas d'avoir bien comprise, il m'a paru qu'elle disait que l'hermaprodisme venait de ce que, par l'acte de la fécondation, il se formait, sous des conditions que nous ignorons, deux sexes par une double tendance plastique qui affecte les lois de la formation de l'organisme génital, ou par une indétermination de tendance; c'est-à-dire en abrégé, que l'hermaphrodisme ou les deux sexes d'un individu viennent de ce qu'il se forme deux sexes par une double tendance ou par un défaut de tendance plastique, ce que les curieux doivent être bien aises d'apprendre, surtout s'ils ont ignoré jusqu'ici, qu'il se formait quelque chose par un défaut de tendance à une formation quelconque. Voilà au moins une explication toute prête pour le cas où il se rencontrerait un hermaphrodite réel, et que l'on n'accuse pas notre siècle d'incapacité et d'ignorance, puisque l'on explique même la manière dont se font les choses qui ne se font pas. Au reste, ce qui me fait craindre de n'avoir pas bien compris l'explication précédente, c'est que je n'ai pu concilier l'*indispensabilité de supposer, avec Home, que la destination sexuelle ne préexiste pas dans le germe*, avec cet autre passage de M. Marc, même art., p. 76) : « Le germe de tout corps organisé nous paraît devoir renfermer en lui *les premiers linéamens de chacun des organes* qui constituent la nature de l'être vivant auquel il appartient; mais il ne jouit que de la vie commune à toutes les parties de l'individu, tant qu'il n'a point encore été fécondé : *ainsi tout germe nous semble préexister à la génération.* »

Sans dire que le grand œuvre des sciences médicales, qui doit servir de boussole ou de phare à tous les médecins, soit tel que le chaos défini par Ovide : Rudis indigestaque moles, nec bene junctarum discordia semina rerum; il a cependant quelque chose de l'époque de sa publication, où les uns disaient *oui*, d'autres *non*, et quelques-uns *oui* et *non*, selon les circonstances, quand on leur demandait s'ils étaient pour le nouvel ordre des choses.

Nous avons vu que pour satisfaire à toutes les exigences, M. Virey adopte aussi le pour et le contre sur les causes de la fécondité, chap. VIII. En admettant la préexistence des sexes dans les ovaires, c'est-à-dire, en supposant, sans preuves, que chaque œuf contient déjà les premiers linéamens de chaque organe et par conséquent un sexe déterminé avant la fécondation, il s'élève de grandes difficultés, celles entre autres de savoir pourquoi une femme mariée plusieurs fois n'a eu que des filles avec l'un de ses maris, tandis qu'avec l'autre, elle n'a eu que des garçons; pourquoi aussi certains signes de famille ne se transmettent que par les hommes, etc.; ce dont j'ai fait mention ailleurs.

J'ai déjà parlé, chap. IV, de la théorie des anciens sur la production des sexes. Sans en revenir aux détails que j'ai donnés, il n'est peut-être pas inutile de rappeler, en résumé, qu'ils supposaient que le testicule droit et l'ovaire droit produisaient les mâles, tandis que les femelles s'engendraient à gauche. C'est d'après cette théorie dont Plutarque fait honneur à Parménide, et à laquelle Anaxagore, Aristote, Hippocrate et Galien ne sont pas restés étrangers, que les époux se plaçaient dans leur lit en conformité de leurs désirs, c'est-à-dire qu'il fallait que le mari couchât à droite, s'ils désiraient des garçons, et à gauche s'ils souhaitaient des filles. L'on s'imagine bien que cette hypothèse a été appuyée sur de nombreux exemples de succès par ses fauteurs qui, imitant les partisans du pouvoir de l'imagination maternelle, ont soigneusement enregistré les cas favorables à leur prévention, en oubliant ou en révoquant en doute ceux qui lui étaient contraires. Pour que les faits probatifs ne leur manquassent pas, il a suffi que leurs moyens de succès fussent innocens, en ne mettant aucun obstacle à l'œuvre accoutumé de la nature qui reproduit les deux sexes dans une proportion d'égalité qui ne donne qu'un léger excédant de garçons, excédant qui provient vraisemblablement de ce que les hommes ont plus souvent atteint la force de l'âge en se mariant que les femmes, et peut-être aussi de ce que ces dernières sont déjà négligées par l'amour, lorsqu'elles arrivent au complément de leurs forces, soit par caprices ou par la crainte d'une famille trop nombreuse. Ce qui a paru aussi donner du crédit à la même hypothèse, c'est que Pline et Columelle, dont les ouvrages sont souvent lus par des personnes d'un savoir superficiel, ont écrit, d'après Démocrite, qu'en liant le testicule droit ou gauche à un belier, on lui fesait produire des agneaux femelles ou mâles : cela prouve au moins que les anciens ne pensaient pas comme quelques modernes, que *les germes préexistassent à la génération avec les premiers linéamens de chaque organe.*

Millot a ressuscité sur la fin du dernier siècle, et a paru s'approprier l'opinion surannée de la génération des mâles à droite et des femelles à gauche, bien que l'erreur en ait été démontrée par Ambroise Paré, Diemerbrock, Vesale, Bartholin, Harvey, Hoffmann, Legallois et autres, au moyen d'observations et d'expériences d'où il résulte que des hommes privés d'un testicule, et des femmes privées d'un ovaire, ont également engendré des individus des deux sexes; que des fœtus mâles se sont trouvés à gauche, et des fœtus femelles à droite, chez les mères mortes avant d'en être débarrassées, et qu'une femme chez qui la trompe de Fallope droite avait été détruite, accoucha d'un garçon et d'une fille, au rapport de Cyprian dans une lettre à Mellington. Tout bien examiné, l'opinion la plus plausible est donc celle qui attribue la détermination d'un sexe semblable au sien, à celui des deux parens qui met la part la plus forte ou la plus consistante dans l'acte de la génération. En supposant une part absolument égale des deux parens dans l'acte génératif, la nature, qui tend invariablement à la reproduction des êtres, réglera le sexe sur le plus de consistance, de chaleur, d'impulsion plastique, de rapports consanguins, etc., que présentera l'une des liqueurs prolifiques, dont la parfaite identité est impossible, puisqu'elle ne se sécrète ni par le même individu ni par les mêmes organes, et que d'ailleurs elle a quelque chose d'emprunté à l'âge, à la nourriture, au caractère, à la force respective, qui ne sont jamais exactement les mêmes dans les deux parens.

Mais, admettons la possibilité et la rencontre d'une part parfaitement égale de chacun des parens à l'acte de la reproduction, faudra-t-il que la nature reste inerte entre deux impulsions égales, l'une vers un sexe, et l'autre vers le sexe opposé, à peu près comme un corps, poussé en sens contraires par des puissances égales, reste immobile entre elles : alors de deux choses l'une : ou la nature ne produira rien, et, dans ce cas, il ne faut point d'explication; ou elle produira un individu sans sexe, et, dans ce dernier cas, il est raisonnable d'attendre l'évènement pour en rendre raison. Faire de pareilles suppositions, c'est renouveler la fable de l'âne qui se laisse mourir de faim entre deux picotins d'avoine égaux, parce que l'impulsion qu'il sent pour l'un étant neutralisée par une impulsion aussi forte qu'il ressent pour l'autre, son choix devient impossible.

Il ne s'agit que d'en faire l'expérience, pour savoir comme ce raisonnement est juste.

La nature ne sommeille jamais, et si son action est subordonnée aux matériaux qui lui sont offerts, elle n'en est ni moins constante ni moins réelle. En supposant une occurence de principes de génération d'égale force, pour l'un et l'autre sexe, son activité n'en serait point paralysée, non plus que sa tendance à reproduire un seul sexe, qui serait déterminé par le droit du premier occupant, ou du mouvement anticipé de l'une des deux humeurs prolifiques sur l'autre, puisque le type primordial ne donne lieu qu'à un sexe unique. Une nature inerte, ou sans tendance déterminée, comme la suppose M. Marc, est un non-sens, car rien ne se forme sans tendance formative ou plastique. Voilà pourquoi Blumenbach a placé le principe des créations dans un *nisus formativus*. Aussi voyons-nous que si les organes sexuels restent quelquefois imparfaits, ainsi que d'autres parties du corps, ce qui peut arriver par l'insuffisance des principes élémentaires et par beaucoup d'autres causes dont j'ai indiqué les plus connues et les plus probables dans mon traité *De l'Imagination*, l'on ne connaît pourtant aucun cas où ces organes aient absolument manqué, ni aucun où les caractères d'un sexe n'aient prédominé sur les caractères de l'autre, ni par conséquent aucun où il y ait eu défaut de tendance plastique, à moins que la partie du corps destinée à les contenir n'ait aussi manqué, comme dans le monstre sans sexe ni pieds, qui, au rapport de Hottinguer (*Eph. germ. dec* 3 *an* 9 *et* 10), avait le bas du corps terminé en pointe.

En opposition à ce que j'ai établi sur l'existence contre nature des deux sexes chez le même individu, M. Isidore Geoffroy St.-Hilaire rapporte, p. 35 d'une thèse sur les *Monstruosités* (14 août 1829), que le professeur Duméril lui a communiqué deux exemples d'hermaphrodisme, l'un sur un sphynx du tilleul ou smérinthe, et un autre sur un demi-paon mâle qui offrait le sexe mâle d'un côté et le sexe femelle de l'autre. « Enfin, ajoute l'auteur, quelques entomologistes ont observé, comme M. Duméril, des papillons mâles d'un côté et femelles de l'autre. Cette dernière anomalie paraît être peu rare. »

Ici la véracité et la capacité reconnues des témoins ne me permettent pas de passer ces faits sous silence, ne fût-ce que pour appeler d'une manière plus particulière l'attention des naturalistes sur l'hermaphrodisme dans les espèces où il n'est pas naturel, vu le peu d'observations bien faites sur ce sujet. Mais je n'admets pas pour cela l'existence du même phénomène dans l'espèce humaine, d'après les observations que l'on prétend avoir faites jusqu'à ce jour, si ce n'est dans les cas où un seul corps proviendrait de la fusion de deux autres corps de sexes différens. N'aurait-ce pas même été par suite d'une pareille fusion, que le *demi-paon mâle*, selon le texte de M. Isidore Geoffroy St.-Hilaire, observé par M. Duméril, aurait présenté les deux sexes ?

CHAPITRE XI.

De la superfétation.

On appelle superfétation la formation d'un fœtus chez une femme qui en porte un autre, conçu à une époque antérieure. L'idée nous en a été léguée par l'antiquité, et il y a dans les œuvres d'Hippocrate un livre sur ce sujet, que plusieurs critiques ont cru n'être pas de lui, parce que la doctrine qui s'y trouve ne s'accorde pas toujours avec celle de ses autres livres. L'on rapporte, pour prouver la superfétation, des faits que la prévention trouve aussi incontestables que ceux sur lesquels on a fondé le pouvoir de l'imagination maternelle, l'existence de la sorcellerie, et plusieurs autres erreurs qui ont long-temps subjugué l'esprit humain. Si ce n'est point une chimère, il faut réformer toutes les idées admises sur la génération dont on nie généralement la possibilité, lorsqu'il y a occlusion de l'orifice de la matrice ou oblitération de sa cavité. Or ces deux causes de stérilité arrivent par le fait de la grossesse, ce qui équivaut, pour l'acte reproducteur, à l'absence de l'utérus, c'est-à-dire d'un foyer propre à recevoir et à fomenter les élémens d'une production animale vivante. Il faudrait donc, ce que n'admettent pas les partisans de la superfétation, plusieurs utérus pour qu'elle fût possible, ou bien, ce qu'ils n'admettent pas non plus, il faudrait qu'elle ne se fît que quand le produit de la première conception n'occupe pas encore la cavité de ce viscère, s'il est unique. Voilà les inductions logiques que la raison tire de l'expérience et des faits généralement admis sur la génération. Mais il s'en présente d'autres aussi péremptoires qui s'appliquent particulièrement à la fécondation des œufs, puisque l'on ne peut comprendre par quelle voie la liqueur prolifique communiquerait alors avec les ovaires, ni comment un nouvel œuf viendrait prendre une place qui n'existe plus par l'effet de la première fécondation. Pour faire arriver et placer le second produit à côté du premier, il faudrait supposer deux effets contradictoires sur le même point, c'est-à-dire une dilatation dans l'utérus au débouché de la trompe embarrassée, pour recevoir le nouveau produit, et en même temps une contraction autour du premier produit pour le contenir et le maintenir en contact avec l'utérus auquel il adhère par ses enveloppes et par le placenta. L'on ne peut d'ailleurs supposer la possibilité d'une première superfétation, sans qu'il en résulte la possibilité de plusieurs autres qui, en s'opérant successivement l'une sur l'autre, donnerait lieu à une formation interminable de fœtus sur fœtus, c'est-à-dire d'êtres inutilement créés, puisqu'ils ne pourraient tous arriver à bien, et que d'ailleurs la mère n'y pourrait suffire. Dans une telle hypothèse on ne pourrait plus dire que Dieu et la nature ne font rien en vain (*Deus et natura nihil faciunt frustra*), ni reconnaître les lois physiques qui limitent les productions vivantes dans des proportions déterminées et régulières entre les diverses espèces d'animaux. Ces difficultés, dont je laisse la solution à ceux que leur opinion intéresse à la donner, autorisent suffisamment à penser, avec Baudelocque, que les superfétations attribuées à des femmes qui n'avaient qu'une matrice simple, dont la cavité était déjà occupée par un fœtus, n'ont été que des suppositions propres à excuser l'inadvertance des accoucheurs ou des sages-femmes qui avaient négligé les explorations convenables après la naissance d'un premier enfant.

Il y a environ 25 ans que je fus appelé au village d'Igney, dans les Vosges, distant de trois lieues de Charmes où je demeurais alors, pour accoucher la femme Méline d'un second enfant, oublié par la sage-femme, le lendemain de la naissance du premier. La mère qui souffrait très-peu, mais qui n'était pas tranquille sur son état, à cause des mouvemens qu'elle sentait, aurait probablement gardé encore assez long-temps son second enfant, s'il n'eût pas remué et réveillé par là des inquiétudes qu'elle n'aurait pas eues, parce que l'utérus revenu sur lui-même après la sortie du premier, avait cessé de se contracter à mon arrivée pour l'expulsion du second.

Les deux enfans, deux filles, de grosseur à peu près égale, ont vécu et vivent encore ainsi que leur mère. Dans ce cas, chaque enfant ayant son placenta et ses membranes entièrement isolées, n'aurait-il pas été possible que, le premier étant sorti prématurément, ce qui arriveplus ou moins dans les grossesses de jumeaux, le second fût resté dans la matrice jusqu'à ce que ce viscère eût recouvré le même dégré de développement qu'il avait lors de la sortie du premier, et même un plus grand degré de développement encore, si le premier fût sorti par suite de quelque accident, sans être parvenu à maturité? Je jette cette question en avant, parce que je sais que nous n'avons pas encore de notions assez précises sur la durée possible des grossesses pour pouvoir y répondre négativement, malgré toutes les recherches et les controverses que suscita, dans le siècle précédent, la question des naissances tardives. Or, si l'on ne peut, dans les grossesses de jumeaux, fixer la distance qui peut avoir lieu depuis la naissance du premier enfant jusqu'à celle du second, dans le cas de leur isolement, chacun avec leur placenta et leurs membranes séparées, il devient impossible d'admettre une superfétation sans crainte d'erreur, même abstraction faite des raisons précédentes, qui n'en laissent pas concevoir la possibilité. Si la superfétation ne peut échapper au doute et à l'incertitude que par l'impossibilité d'une naissance prématurée, et celle d'une naissance tardive, c'est manquer de véracité, ou commettre une inconséquence que d'admettre comme certaines des conceptions superposées, sans nier la possibilité de ces deux sortes de naissances, dont il y a eu tant d'exemples.

Mais il y a si peu d'observations en faveur de la superfétation, et ces observations sont encore si défectueuses par la diversité et le mélange des témoignages empruntés de droite et de gauche à des personnes qui n'y entendaient rien, qu'elles ne supportent aucunement la critique. Ceux qui en tirent parti pour se faire illusion, fermant les yeux sur d'autres faits mieux avérés, se mettent en opposition avec eux-mêmes, puisqu'ils admettent que le défaut d'ovaires, de matrice, de vagin, l'obstruction des trompes de Fallope, une hydrométrite, un amas d'hydatides, un squirrhe, une mole, un polype, etc., dans la cavité utérine, sont des causes de stérilité, par l'obstacle qu'ils apportent à la communication du sperme avec les ovaires. En supposant la superfétation possible avec une matrice simple, déjà occupée par un fœtus, ils renoncent donc à la nécessité d'une voie de communication pour la réunion du sperme avec l'œuf ou le liquide prolifique de la femme, et ils sortent par là du système de la génération par la fécondation des œufs, tout en démentant leur propre opinion sur les causes de stérilité que je viens d'énumérer.

Il y a plus : la superfétation admise comme un fait possible, même dans le cas d'une matrice simple déjà occupée par un fœtus, peut avoir des résultats très-graves pour l'honneur et le repos des familles dans la médecine judiciaire, en devenant une preuve de l'infidélité et de la mauvaise conduite d'une femme dont le mari aurait été absent ou mort à l'époque présumée de la surfécondation, et les autres enfans pourraient en outre disputer sa part de l'héritage du père au dernier né. Elle acquiert donc une importance qui me fait croire qu'on ne sera pas fâché, afin de pouvoir peser les motifs et les raisons pour et contre, de connaître les faits et les raisonnemens sur lesquels s'appuient ceux qui défendent l'opinion contraire à la mienne.

Le professeur Eisenmann a publié, à Strasbourg, en 1755, une dissertation sous le titre de *Superfétation véritable dans une matrice simple* (*De superfœtatione vera in utero simplici.*). Il rapporte que Marie-Anne Bigaud, âgée de trente-sept ans, femme d'Edmond Vivier, infirmier à l'hôpital militaire de Strasbourg, accoucha à terme d'un garçon vivant, le 30 avril 1748, à 10 heures du matin, et que cette couche fut si prompte et si heureuse, qu'une heure après Marie se leva, sortit de la maison de la sage-femme où elle était accouchée, et revint à l'hôpital où elle demeurait; qu'elle ne perdit qu'au moment de l'accouchement, et n'eut point de lait pour nourrir cet enfant, après la sortie duquel elle en avait senti remuer un autre; que le 16 de septembre suivant, elle accoucha d'une fille vivante, bien à terme, laquelle était plus grande et plus forte que le premier enfant; qu'elle perdit beaucoup et eut assez de lait dans les seins pour nourrir ce dernier enfant, qui mourut à un an et deux jours, du travail de la dentition, au lieu que le premier qu'elle ne put nourrir, mourut à deux mois et demi. C'est donc après quatre mois révolus que le premier accouchement fut suivi du second. C'est à ceux qui s'y connaissent à juger de la vraisemblance de plusieurs circonstances avouées dans ce récit, et à accorder, s'ils le peuvent, la promptitude et la facilité de l'accouchement, le peu de fatigue de la mère qui retourne chez elle au bout d'une heure, et ne perd presque pas, etc., avec la réalité d'un garçon à terme qui, à l'inverse des autres cas pareils, était moins gros et moins viable que sa sœur née plus tard.

La science et la sagacité judicieuse de la sage-femme se manifestent d'ailleurs par la sécurité où elle demeure vis-à-vis de l'accouchée qu'elle laisse retourner chez elle au bout d'une heure, malgré que celle-ci sentît le mouvement d'un second enfant, et que par conséquent la diminution ordinaire du ventre n'eût pu avoir lieu par la contraction de l'utérus.

Le second exemple, tout aussi sans réplique, selon M. Fodéré, concerne la nommée Benoite Franquet, femme de Raymond Villard, herboriste à Lyon, laquelle après avoir mis au monde une fille avec assez de précipitation, le 20 janvier 1780, n'eut point de lochies, de lait ni de fièvre, garda un gros ventre, et put continuer presque immédiatement à vaquer à ses occupations ordinaires, comme Marie Bigaud. Ayant senti des mouvemens trois semaines après, elle consulte deux chirurgiens, qui lui proposent des remèdes qu'elle refuse, puis s'adresse à M. Desgranges, qui reconnaît qu'elle porte un second enfant, et en effet, elle accouche le 6 juillet de la même année, cinq mois et seize jours après la première, d'une seconde fille parfaitement à terme et bien portante, avec toutes les suites ordinaires des couches. Les deux enfans, dont la mère put nourrir le dernier, furent présentés, deux ans après, bien portans et munis de leurs extraits batismaux, à deux notaires de Lyon, MM. Caillat et Dusurgey, pour faire dresser de ce fait un acte authentique, « afin, dit Benoite, dans le préambule de cet acte, autant pour témoigner sa reconnaissance à M. Desgranges, que pour fournir aux femmes qui peuvent se trouver en pareil cas, et dont les maris seraient morts avant la naissance des deux enfans, un titre en faveur de leur vertu et de l'état du second enfant. » Il a été constaté par la dissection de Marie Bigaud, morte en 1755, qu'elle n'avait qu'une matrice simple; mais il n'en a pas été de même de Benoite Franquet. Après avoir rapporté ces deux exemples de superfétation et rappelé que dans le *Journal général de Médecine*, tome v et tome xxxv, on en peut voir quatre autres chez des femmes à matrice simple, fournis par MM. Bousquet et Millot de Dijon, le professeur Fodéré s'exprime de la manière suivante, tome LIII, page 418 et suiv. du *Dict. des Sc. méd.*, art. *Superfétation* : « En laissant donc à part les animaux chez lesquels la superfétation ne se conteste pas, elle n'est pas moins prouvée dans l'espèce humaine, et quoique sous le voile épais qui couvre la génération, il soit impossible de se rendre un compte exact de plusieurs faits, il suffit qu'ils arrivent, et de prouver dans l'espèce qu'ils sont arrivés, pour atteindre le but qu'on se propose dans l'administration de la justice, laquelle ne saurait être influencée par des raisonnemens sujets à variation; mais seulement par des faits constans et invariables. Au surplus, les exemples que nous venons de donner ne démontrent pas moins que cette aberration de l'ordre ordinaire est sujette à des règles qui en paraissent inséparables, et qu'il pourra être nécessaire d'avoir rencontré dans des circonstances analogues, pour ne pas être dupe de quelque stratagême : 1° chez les deux femmes, Marie et Benoite, les lochies s'arrêterent bientôt après la venue du premier enfant, quoiqu'elles eussent coulé à l'ordinaire dans les couches précédentes; 2° point de lait aux seins, point de fièvre de lait, quoique les mamelles fussent développées; 3° elles ont senti remuer, et les mêmes mouvemens que durant la grossesse, peu de temps après leur délivrance; 4° la grosseur du ventre et tous les symptômes de la grossesse continuèrent; 5° des gens de l'art expérimentés se sont assurés par le toucher de la présence du second enfant (*et aussi du premier?*); 6° à cette seconde délivrance, les lochies ont coulé abondamment, les femmes ont pu nourrir, et elles ont éprouvé d'ailleurs toutes les suites ordinaires de l'enfantement, et pour ainsi dire, le complètement des fonctions de la maternité; 7° en réfléchissant sur l'époque à laquelle sont venus au monde ces seconds enfans, doués de viabilité, ainsi que leurs aînés, on voit que leur origine correspond vers la moitié de la gestation de ces derniers, qu'ainsi ce n'est guère que du quatrième au sixième mois qu'une surconception peut avoir lieu sans nuire à l'existence ni de l'un ni de l'autre fœtus. »

« Il y a, à la vérité, quelques particularités qui peuvent être communes à la grossesse composée (aux jumeaux) et à la superfétation; mais celui qui, ayant l'instruction convenable, y fera toute l'attention nécessaire, trouvera dans ces deux opérations de grandes différences. Par exemple, à part quelques exceptions, il est assez ordinaire que les jumeaux soient de la même grandeur; nous avons vu, au contraire que, dans la superfétation, le dernier conçu est plus fort et plus vigoureux, parce qu'il a été plus à l'aise et mieux nourri dans la seconde moitié de la gestation. En second lieu, quoi qu'il puisse arriver que les jumeaux aient, non-seulement des enveloppes différentes, mais encore des placenta entièrement séparés l'un de l'autre; cela, pourtant, n'est pas commun, et il est plus ordinaire qu'enveloppés chacun de leurs membranes, ou bien renfermés dans un amnios commun, ils n'aient pour tous qu'un seul et même placenta, tandis que, dans la superfétation, chaque enfant est nécessairement séparé et greffé à un placenta particulier. Enfin, le grand intervalle observé entre les deux actes de ces enfantemens, prouve à lui seul que les deux fœtus étaient d'âge différent, et n'avaient pas le même degré de maturité : *Quæ gemellos gestat*, avait déjà dit le père de la médecine, *eadem die parit velut concipit.* Sans doute, il peut arriver, par la faute de l'accoucheur, que le second enfant jumeau ne vienne au monde que le lendemain du premier, ce qu'on ne peut néanmoins admettre que lorsque les placenta sont séparés; mais l'on conviendra que cette disposition cesse d'être admissible, surtout avec la vie de l'enfant, au bout de plusieurs jours, plusieurs semaines, plusienrs mois. »

S'il y a quelque chose de constant dans les histoires qu'on vient de lire, ce n'est point la superfétation, à moins que l'on n'admette comme prouvé ce qu'il s'agit de prouver, comme semble le faire M. Fodéré.

Quels faits constans y trouverons-nous? Je n'y en trouve aucun, pas même les accouchemens relatés; car les témoins du premier accouchement de chaque femme inspirent peu de confiance, et n'étant pas éclairés, ils ont pu mal juger, car il ne s'étaient pas aperçus de la présence d'un second enfant, et s'ils s'en étaient aperçus, leur défaut de jugement serait encore plus manifeste, puisqu'ils auraient compromis la vie des nouvelles accouchées, en les laissant, contre toutes les règles de l'art, retourner immédiatement chez elles et vaquer à leurs occupations ordinaires, au lieu de demander une consultation, comme le font les médecins les plus instruits dans les cas difficiles et dangereux. Quelle foi méritent les témoignages de pareilles matrones et ceux des mères, femmes du commun, sans instruction, quand elles prétendent que les premiers enfans étaient à terme, tandis que la promptitude et la précipitation des accouchemens, le peu de souffrance et de fatigue des accouchées, la presque nullité des vidanges, le défaut de lait, la petitesse des enfans, etc., attestent le contraire.

Qui pourrait d'ailleurs répondre que leurs dires étaient désintéressés, et que l'acte notarié, entre autres, n'eût point été une précaution exigée pour la sûreté et la garantie d'un arrangement convenu en faveur d'un enfant non reconnu par ses véritables parens? Si la chose est possible, quelle certitude y a-t-il qu'elle n'ait pas eu lieu dans ce cas? L'accouchement de Benoite a dû avoir quelque chose de bien extraordinaire, qu'on ne dit pas, pour que sa reconnaissance envers l'accoucheur de son second enfant n'ait pu se manifester suffisamment sans un acte notarié, et pour qu'elle ait été portée à fournir aussi par là *un titre en faveur de la vertu des femmes qui peuvent se trouver en pareil cas, et de l'état de leurs enfans*. Tant de générosité et d'esprit public a-t-il pu entrer dans l'ame de la femme d'un herboriste, qui regarde l'acte de la superfétation comme un titre de vertu? Ce dernier sentiment ne répond guère aux deux premiers, et, sauf meilleur avis, je croirais que la superfétation annoncerait plutôt une femme débauchée qu'une femme vertueuse, et serait plus propre à excuser le libertinage qu'à prouver la fidélité conjugale; ce qui toutefois ne devrait pas empêcher d'en admettre la réalité si elle était prouvée.

Les autres témoins, plus instruits et plus aptes à bien juger, manifestent leur prévention et leur légèreté de plusieurs manières, et d'abord en se rendant garans de faits qu'ils ne peuvent attester, n'ayant ni vu ni constaté ce qui s'est passé dans chacun des premiers accouchemens, puisqu'ils n'ont été témoins oculaires que des deux derniers. Puisque le premier enfant de Marie Bigaud a si peu vécu et que ses deux enfans étaient d'ailleurs de grandeur égale, quoique dans les jumeaux de sexe différent, le garçon soit plus gros que la fille, il y a légèreté à croire qu'ils étaient à terme d'après le rapport de personnes hors d'état d'en juger. Comment peut-on d'ailleurs ne pas suspecter de prévention des hommes instruits qui attestent que Benoite, encore vivante, a une matrice simple, tandis que cela ne peut être bien constaté que par l'ouverture du corps après sa mort? Ces mêmes hommes qui adoptent avec tant de complaisance des récits contraires à l'observation, sur des témoignages aussi suspects, sont-ils assez savans *pour déterminer avec certitude à quelle époque un enfant est viable, et quelle est la durée possible d'une grossesse?* Il faudrait cependant répondre avec certitude et précision à ces deux questions, qu'il faut absolument et qu'ils ne peuvent pas résoudre, pour établir un cas de superfétation, car, si de deux enfans conçus à la même époque, l'un peut naître et être viable plusieurs mois avant le terme ordinaire, et que l'autre puisse naître aussi plusieurs mois après ce terme, qui me répond qu'on n'en fera pas une superfétation? Dira-t-on que les enfans étaient à terme, d'après leur grandeur? mais il en naît à terme de grandeurs très-diverses, et, si les ongles, les rapports du nombril, etc., avec les deux moitiés supérieure et inférieure du corps, donnent des indications, ce n'est que d'une manière négative et sans précision sur la durée du séjour de l'enfant dans le sein maternel? Direz-vous que les enfans ont assez vécu pour prouver qu'ils étaient à terme? alors vous tombez dans un cercle vicieux, en supposant une réponse que vous n'avez pas faite et que vous ne pouvez faire sur l'époque précise de la viabilité. Mais, puisque vous invoquez les faits, je puis vous en citer qui prouvent, à votre manière, qu'à cinq mois les enfans sont viables, tel entre autres que Marsile Ficini, célèbre médecin d'Italie, qui, né à cinq mois, fut, dit-il, conservé dans du coton et nourri plusieurs mois de lait et d'eau sucrée. Puisque vous fondez la superfétation humaine sur celle des animaux, sans tenir compte de la différence des organes génitaux, je puis fonder de même la viabilité des enfans nés long-temps avant terme, sur celle des petits des didelphes, des kanguros, etc., qui sont déposés tout rouges et sans poils dans des poches formées par des duplicatures de la peau à la région inguinale de leurs mères, où aboutissent aussi leurs mamelles auxquelles ils s'attachent, parce que ces animaux n'ont pas de véritable matrice, et que chez eux les trompes aboutissent aux ovaires et au vagin.

La prévention de M. Fodéré se manifeste encore évidemment dans la comparaison qu'il établit entre la superfétation et la grossesse composée, auxquelles il ne peut toutefois s'empêcher d'accorder *quelques particularités communes*. En disant qu'*à part quelques exceptions, il est assez ordinaire que les jumeaux soient de la même grandeur*, il fait d'abord de l'exception la règle et *vice-versa*, car lorsque les enfans sont de sexe différent, le garçon est ordinairement plus gros que la fille; mais le plus beau de son raisonnement, c'est de conclure qu'il n'y a pas grossesse composée, mais superfétation, si les enfans dont l'un naîtrait avant terme et l'autre beaucoup plus tard, ne sont pas de la même grandeur, comme si un professeur aussi instruit que M. Fodéré ne savait pas que le volume des enfans et de tous les animaux est toujours proportionné au temps qu'ils ont séjourné dans la matrice, et, qu'en bonne conscience, il puisse assurer que des jumeaux qui naîtraient à des époques différentes, ne seraient pas aussi d'une grandeur diverse. D'après son raisonnement, toutes les grossesses composées dont les enfans auraient un volume proportionné au terme de leur naissance, seraient des superfétations, si ces enfans naissaient l'un après l'autre dans un intervalle qu'il ne détermine pas, quoiqu'il présume que *ce n'est guère que du quatrième au sixième mois qu'une surconception peut avoir lieu, sans nuire à l'existence de l'un ni de l'autre fœtus*. Mais, quelles sont les causes et les raisons tant soit peu plausibles que l'on puisse alléguer, pour établir que la superfétation ne peut avoir lieu, c'est-à-dire qu'une femme ne peut concevoir de nouveau avant ni après cet intervalle, si tant est qu'elle le puisse, comme le prétend M. Fodéré, avec les partisans de son opinion? Est-ce en vertu de leur bon plaisir, parce qu'ils veulent qu'il en soit ainsi, ou est-ce parce que la matrice, et en général les organes de la génération, se trouvent de quatre à six mois dans une autre disposition et dans un état de vacuité plus propice qu'avant et après? S'il en est ainsi, il fallait donc l'indiquer, et s'ils ne peuvent alléguer de différence qui rendent alors la surconception plus facile ou possible, pourquoi substituer une chimère aux lois de la nature et à l'observation de ses phénomènes ordinaires? Les prétendues superfétations qu'ils citent, ne sont pas des preuves, mais des choses à prouver, puisqu'elles sont en question.

Quelles raisons peut-on avoir aussi de croire que les fœtus se nuiraient l'un à l'autre, s'ils étaient conçus à d'autres époques, puisque les jumeaux conçus à une seule et même époque ne se nuisent pas? M. Fodéré est tellement offusqué par la prévention, qu'il lui sacrifie la vérité des faits et les ploie à son caprice, par exemple, quand il dit que *le dernier venu des enfans est plus fort et plus vigoureux, parce que, selon lui, il a été plus à l'aise et mieux nourri dans la seconde moitié de la gestation*, comme si le premier venu n'avait pas eu le même avantage dans sa supposition pendant la première moitié de la grossesse. Il ne peut donc sortir de l'embarras où le met la différence de volume des enfans, qu'en supposant ce qui n'est pas. En prenant les faits tels qu'ils sont, tout s'explique naturellement et d'une manière conforme à l'expérience; le dernier venu des enfans a été le plus fort et le plus vigoureux, parce que ayant séjourné plus de temps dans la matrice, il s'y était plus développé, au lieu que le premier né était plus faible et plus petit, parce qu'il n'était pas à terme; d'où il résulte que ce que notre professeur s'efforce de faire valoir comme des superfétations, était réellement des grossesses de jumeaux qui ne sont devenues contestables que par l'ignorance d'une partie des témoins, et la prévention ou la crédulité des autres.

Ce qu'il s'agissait de prouver, ce n'est pas que les enfans sont dans la superfétation de force inégale; c'est, au contraire, qu'ils sont de force égale, puisque M. Fodéré les fait séjourner le même espace de temps dans la matrice, et que c'est à cette égalité de séjour qu'il attribue l'égalité de grandeur des jumeaux dans les grossesses composées. C'est à lui à opter entre les deux conséquences opposées qu'il tire d'une parité de maturité; car il est impossible que, d'une même cause, résultent deux effets contraires. J'ai d'ailleurs montré qu'il ne peut éluder la contradiction où il se trouve avec lui-même, par le prétendu avantage qu'aurait le second enfant d'être seul à la fin dans la matrice, puisque le premier enfant aurait eu le même avantage au commencement. Enfin, toute son argumentation se réduit à dire d'une part qu'il y a grossesse composée quand les enfans sont de même grandeur, et que les enfans sont de même grandeur quand il y a grossesse composée; puis, d'autre part, qu'il y a superfétation, quand les enfans sont de grandeur inégale, et qu'ils sont de grandeur inégale quand il y a superfétation, tout en convenant qu'il peut en être autrement dans l'un et l'autre cas, mais que cela est rare. En raisonnant de la sorte, n'est-ce pas dire que l'on veut établir une distinction que l'on ne trouve pas, puisque l'on dit oui et non sur le même point? Il est si faux d'arguer la superfétation d'une différence de grandeur entre deux enfans d'âge différent, qu'en suivant cette régle, il n'y aurait plus de grossesse composée, dès qu'un des jumeaux naîtrait quelque temps avant l'autre, puisqu'alors il y aurait nécessairement inégalité de développement; il en sera't de même quand les jumeaux seraient de sexe différent, car il est rare qu'alors la fille ne soit moins développée que le garçon. Enfin c'est encore souvent la même chose lorsque le sexe est le même dans les deux enfans, et au moment où s'imprime cet ouvrage, il vient d'arriver de Sanari en Sardaigne, à Paris, sous les noms de *Christina* et *Ritta*, un enfant de huit mois, bicéphale, c'est-à-dire avec deux têtes séparées sur un double corps réuni en un, que l'on peut opposer à M. Fodéré comme une preuve vivante de ses illusions, car Ritta du même sexe que Christina étant notablement moins développée que celle-ci, il en résulterait que c'est le fruit d'une superfétation, d'après la régle et les raisonnemens de notre professeur.

L'isolement des jumeaux, chacun avec son placenta et ses membranes, ce qui était aussi le cas chez la femme Méline, est trop commun, pour qu'un médecin non prévenu puisse l'adopter comme un signe de la superfétation, et c'est encore le cas de dire, que M. Fodéré rapporte à ce sujet, en faveur de cette dernière, une circonstance qui se rencontre dans la grossesse composée, à part l'impossibilité de concilier sa chimère avec les idées reçues sur la génération et avec les causes connues de la stérilité.

Quant au grand intervalle qui peut exister

entre la naissance de l'un et celle de l'autre des deux enfans de la même gestation, il ne prouve pas davantage; l'expérience ayant mis hors de doute d'une part, qu'un enfant est viable à sept mois et probablement même avant cette époque ; et d'autre part, que le terme d'une gestation peut être retardé de plusieurs mois par diverses circonstances, au nombre desquelles je crois qu'il faut surtout placer la nouvelle dilatabilité dont l'utérus redevient susceptible après la contraction qui s'y opère par le vide dont la sortie du premier né est la cause. Puis donc, qu'un médecin aussi savant que M. Fodéré, qui fait autorité, n'a pu indiquer aucune preuve réelle d'une différence entre la grossesse composée et la superfétation, même en supposant en sa faveur une authenticité que n'ont pas sous tous les rapports les faits dont il veut tirer parti, je conclus de la fausseté de ses raisonnemens qu'il est dans l'erreur, erreur qui vient d'une prévention due probablement à ses premières études, car son instruction et sa bonne foi ne peuvent être suspectées.

C'est à la même erreur qu'il faut attribuer la conclusion du passage suivant du même auteur : « Quoique sous le voile épais qui couvre la génération, dit-il, il soit impossible de se rendre un compte exact de plusieurs faits, ils suffit, qu'ils arrrivent et de prouver dans l'espèce qu'ils sont arrivés, pour atteindre le but qu'on se propose dans l'administration de la justice, laquelle ne saurait être influencée par des raisonnemens sujets à variation, mais seulement par des faits constans et invariables. »

Remarquons d'abord sur ce passage, qu'il n'y a que les faux raisonnemens, ceux surtout que l'on base sur des faits mal avérés, qui soient sujets à variation, car en disant, par exemple, *si deux fois deux font quatre, ils ne font ni trois ni cinq; puisque le tout est plus grand que sa partie, la grandeur de cette dernière ne saurait surpasser celle du tout*, je défie de jamais prouver que ces raisonnemens sout sujets à variation, comme ceux des sophistes. Mais les raisonnemens sont sujets à variation, quand, contracdictoirement aux régles de la logique, on adopte comme vrai et certain le témoignage de gens intéressés et incapables de bien juger, et que l'on tire des conséquence arbitraires de *faits non avérés dont il est impossible de se rendre un compte exact sous le voile épais qui couvre l'œuvre qu'il s'agit de juger*. C'est ainsi qu'a fait M. Fodéré et que fesaient déjà, d'après des idées préconçues, ceux qui anciennement invoquaient *des faits constans et invariables* en faveur de la sorcellerie, des pactes avec le Diable, de la magie, des revenans, des amulettes, de l'influence maligne des comètes, de l'existence des hommes poissons ou marins, des laits répandus, du pouvoir de l'imagination maternelle pour empreindre des figures déterminées sur le fœtus, des faux miracles et de toutes les bigarrures et les absurdités dont l'esprit humain s'est laissé et se laisse encore infatuer par l'ignorance, la prévention ou la supercherie. Ce qui est le plus sujet à variation, ce sont les faits mal vus, mal interprêtés et dont il est impossible de se rendre compte, parce que se trouvant en contradition avec d'autres faits plus nombreux et mieux avérés, ils ne peuvent soutenir l'épreuve de la critique et du raisonnement. Il serait bien malheureux que la justice ne pût être influencée par des raisonnemens, car alors il serait possible de condamner M. Fodéré lui-même, pour avoir volé la tour de Strasbourg, si un brouillard épais la dérobant à la vue de gens prévenus ou intéressés à le perdre, ils l'accusaient de ce vol dont il serait également impossible de se rendre un compte exact. Si l'on a brûlé tant de sorciers et fait périr tant d'innocens pour des crimes supposés, ce n'a été qu'en ne raisonnant pas, ou plutôt en raisonnant faux, car tout le monde raisonne, et le professeur de Strasbourg raisonne lui-même pour prouver qu'il ne faut pas raisonner, comme celui qui niait le mouvement en marchant. C'est peut-être trop insister sur des erreurs aussi palpables; mais la prévention est si opiniâtre, qu'elle reproduit ses illusions à l'ombre même du silence et du mépris qui en fait dédaigner l'examen. Nous allons voir dans le chapitre suivant que M. Fodéré admet, entre une naissance précoce et une naissance tardive, une différence suffisante pour expliquer, d'une manière toute naturelle et sans l'exclusion du raisonnement, l'intervalle de deux parts d'une même gestation, dont on ne peut se rendre un compte exact par la superfétation.

CHAPITRE XII.

Du terme de la gestation, ou des naissances précoces, ordinaires et tardives.

Le plus ordinairement la naissance d'un enfant a lieu après dix époques menstruelles, ou dix mois lunaires chacun de quatre semaines, ce qui revient à neuf mois du calendrier et quelques jours, ou deux cent quatre-vingt jours. Mais une différence de dix à vingt jours en plus ou en moins, qui fait coïncider l'accouchement à une époque menstruelle, ne peut guère être considérée comme suffisante pour une naissance extraordinaire, d'autant plus qu'une fraction de cette différence est volontiers attribuée à un mécompte sur l'époque de la conception. Saint Augustin nous apprend que Jésus-Christ fut porté dans le sein de Marie pendant deux cent soixante-treize jours, temps que l'Église a observé pour en célébrer la nativité qui eut lieu au bout de dix mois lunaires moins sept jours.

Hippocrate admet des grossesses de dix et de onze mois, ou de sept quadragénaires (1); mais les explications qu'il donne font voir qu'il parle de mois lunaires, composés chacun de quatre semaines, et qu'il entend par grossesses de onze mois celles qui se terminent dans le onzième mois non révolu. Or, comme les femmes comptent, les unes la durée de leur grossesse par les mois du calendrier, et les autres par le nombre de leurs époques menstruelles supprimées, il en résulte que les premières ne donnent que neuf mois de durée à leur grossesse, et que les dernières lui en donnent dix; mais que le calcul des unes et des autres coïncide à 280 jours, ou sept quadragénaires, qui constituent le temps qui s'écoule ordinairement depuis la conception jusqu'à l'accouchement. Je crois qu'il y a souvent erreur dans les époques de la conception; et d'après mes observations, il m'a paru que les accouchemens coïncident naturellement avec les époques de la ménorrhée, parce que j'ai remarqué que j'en avais plusieurs à faire dans un même jour, et toujours beaucoup durant l'espace de trois ou quatre

(1) Decimestres autem et undecimestres partus septem quadregenariis eduntur eodem modo quo et dimidio anno septimestres. Hipp. *De octimestri partu*, p. 259.

jours successifs, et ensuite qu'il ne m'en arrivait plus guère avant dix ou douze jours, après lesquels il se reproduisait une pareille presse. J'en ai conclu, avec beaucoup de vraisemblance, qu'une femme qui concevait immédiatement après ses règles portait son enfant dix mois lunaires, chacun de quatre semaines, avec l'avantage d'avoir une grossesse moins pénible, parce que la pléthore sanguine étant moindre, la génération s'opérait sans une surabondance de sang, d'où résulte si souvent de l'irritation et un trouble sympathique dans toutes les fonctions vitales. Quant aux femmes qui conçoivent entre deux époques menstruelles, j'ai conclu que, si la conception avait lieu peu avant l'époque des règles, elle devait, en coïncidant avec la pléthore sanguine qui existe alors, non-seulement donner lieu à une grossesse plus pénible, mais aussi plus ou moins longue, pour que l'accouchement pût se faire à l'époque où l'utérus est dans l'habitude périodique de se dilater ou de s'ouvrir pour la sortie des règles, aussi bien que pour le fœtus, et cela d'après une influence périodique bien réelle et constatée par les faits, mais que je n'essaierai pas d'expliquer, parce que l'on n'est point d'accord sur la cause ou les causes qui la reproduisent aux approches de chaque nouvelle lune et de chaque pleine lune; ce qui fait qu'à peu près la moitié des femmes sont réglées à l'approche de la première de ces deux époques, et l'autre moitié à l'approche de la seconde, avec quelques exceptions qui atteignent les femmes malingres ou mal réglées. Il est à présumer que c'est dans le sens de ces explications qu'Hippocrate a entendu les grossesses de dix et de onze mois, en rangeant au nombre des dernières toutes celles qui dépassaient de plusieurs jours les sept quadragénaires ou les 280 jours. Aussi Macrobe (livre 2, chap. 12), et Censorin (*De die natali*), nous apprennent que chez les Grecs et les Romains l'année et les mois étaient lunaires, et par conséquent plus courts que les nôtres. D'après cela, il ne faut plus s'étonner que divers auteurs grecs et romains aient fait séjourner le fœtus un an entier dans le sein de sa mère, comme l'a fait entre autres Ovide (*Fastor.* lib. 1), dans les vers suivans:

Quod satis est utero matris dum prodeat infans,
Hoc anno statuit temporis esse satis.

C'est dans le même sens qu'il faut expliquer la loi romaine, qui dit : *Post decem menses mortis natus, non admittitur ad legitimam hæreditatem*. C'est pour avoir assimilé l'année et les mois des anciens aux nôtres, qu'on a fait parler Hippocrate si diversement sur la durée des grossesses, dont il fixe le terme de légitimité le plus court à

182 jours ou six mois entiers, et, le plus long à 280 jours ou à dix mois lunaires, qui font un peu plus de neuf mois de notre calendrier. La loi, en admettant la légitimité d'un enfant qui naît onze mois après la mort de son père, n'est pas contraire à l'opinion d'Hippocrate, qui a fixé la légitimité des naissances, ou l'aptitude à hériter du père, entre le terme de 182 jours et celui de 280, parce que la loi compte la fin du premier mois et le commencement du dernier ou de l'onzième qui n'est pas révolu. C'est par une supputation pareille que nous caractérisons les fièvres intermittentes de *tierces* et de *quartes*, quoiqu'il n'y ait ni trois jours ni quatre jours entiers d'apyrexie dans les intermittences. Qu'un homme tombe malade le 20 du mois, à onze heurs du soir, et qu'il meure le 22, à une heure du matin, on dira qu'il est mort le troisième jour de sa maladie, et néanmoins il n'aura été malade que 26 heures... Pareillement un enfant sera conçu le 20 de mars; il aura neuf mois complets de notre calendrier le 20 décembre, et sa naissance, fût-elle précoce de 15 jours, sera encore un part décimestre d'après la loi et l'opinion d'Hippocrate; et si, suivant la possibilité admise par le même auteur, la naissance est retardée de dix jours, ce sera un part undécimestre ou une naissance au onzième mois. C'est ainsi qu'en interprétant les auteurs

dans le sens de leur texte, on se trouve dispensé de leur prêter des erreurs, comme font les uns pour faire croire à la science qu'ils n'ont pas, et les autres pour cacher l'ignorance qu'ils ont. Nous voyons que la doctrine d'Hippocrate, prise dans son sens vrai et le plus naturel, peut encore servir de règle pour la durée des grossesses en général, sauf quelques exceptions assez probables qui attendent encore de nouvelles observations, pour devenir incontestables.

Rodericus a Castro, professeur à Pise au comment du 17e siècle, croyait le terme de la grossesse tellement fixe, que dans son ouvrage *De universa muliebrium morborum medicina*, il dit qu'une femme paraît accoucher au jour et à l'heure où elle a conçu (1). Cela peut être vrai pour quelques-unes, par exemple pour celles qui ont conçu immédiatement après une époque menstruelle; mais pour celles qui conçoivent plus tard, et surtout à l'approche d'une époque, cela ne me paraît nullement d'accord avec l'expérience, et l'auteur lui-même en doute, puisqu'après avoir dit *paraît*, il ajoute ensuite *s'il en est ainsi*, etc.

(1) Porro parere mulieres eadem semper diei hora qua conceperunt, diligentiores obstetrices observasse adstruunt, quod et si a nemine scriptum reperio, tamen experienta confirmari videtur. — Quod si ita est, non solum dierum, verum etiam horarum certus ac præfinitus numerus ad partum legitimum requiritur. *Roderic a Cast. De natura mulierum*, part. I, lib. IV.

Aristote dit que les œufs éclosent plus tôt en été qu'en hiver; qu'en été l'éclosion se fait le vingt-deuxième jour, et en hiver quelquefois le vingt-cinquième (1).

Haller, qui a fait ses observations en automne, a trouvé que la température apportait peu de différence, et que ses poulets étaient sortis de la coque à vingt et un jour et quelques heures, et même avant les vingt et un jours complets, comme ceux dont a parlé Malpighi. Il ajoute que bien des poules quittent leurs œufs, ce qui peut interrompre ou ralentir le développement du poussin, et qu'il n'a pas été à même de se procurer des fours ou des lampes, pour se passer du secours de ces animaux.

« L'expérience nous apprend, dit Venette (*l. c.*, chap. 3, art. 4), que la plupart des enfans naissent depuis les dix derniers jours du neuvième mois jusqu'aux dix premiers du dixième, c'est-à-dire dans l'espace de 20 jours, et qu'ils vivent presque tous; que ceux qui naissent à sept ou huit mois sont toujours imparfaits ou valétudinaires, etc. » Le même auteur ajoute plus loin : « Cependant Verduc (*L'usage des parties*) dit

(1) Incubatu æstivo quam hyemo celerius excluduntur. Per æstatem enim gallinæ duodevicesimo die absolvunt : hyeme interdum ad quinque et vigenti. Aristot., *De Anim. hist.*, lib. IV, cap.. 2 *Interprete J. C. Scaliger*.

qu'une femme accoucha heureusement au bout de seize mois ; elle avait senti remuer son enfant pendant plus de dix mois. Cela est confirmé par plusieurs observations fidèles et dignes de foi. Si la fille de Jean Pellors, marchand de Lyon, était née quelques jours après le trois cent quatrième jour de sa conception, jamais le parlement de Paris n'aurait donné un arrêt en sa faveur, par lequel il la déclarait capable d'être héritière de son père. En effet, par un autre arrêt, cette illustre compagnie déclara illégitime un autre enfant qui était né le douzième jour de l'onzième mois après la mort de son père. »

Après avoir rapporté l'opinion d'Hippocrate et celles de plusieurs auteurs anciens, qui donnent une durée beaucoup plus longue que lui à la grossesse des femmes, Zacchias se résume à conclure qu'elle peut durer quelques jours au delà de dix mois, très-rarement plus de dix, si elle va au delà, à moins qu'il ne s'agisse de monstre (1).

Les accouchemens de jumeaux ont toujours paru plus précoces que les autres, et l'on peut

(1) Ex his autem quæ superius adduxi, jam eam conclusionem eliciamus, posse humanum partum perpaucos quosdam dies supra decimum mensem prorogari, acceptis etiam decem integris mensibus, quos tamen ad paucos dies ad certum numerum restringere debemus ; nam supra decem dies vix unquam illud fieri crediderim, rarissime etiam et intra eosdem decem dies. Zacch., *Quæst. medico-legal.*, lib. I, tit. II, quest. VI, p. 145.

induire de faits assez nombreux et concordans que les enfans forts dépassent de très-peu de jours le terme de dix mois lunaires, au lieu que les plus faibles, dont l'accroissement a été ralenti par les maladies ou la faiblesse de leur mère, ont toujours paru séjourner plus long-temps dans la matrice : d'où il est permis de conclure aussi que, quand la matrice s'est débarrassée prématurément d'un des jumeaux, l'autre, s'il n'est amené en même temps au monde, devra, à raison de sa petitesse et à raison d'un degré donné d'extensibilité de l'uterus, y rester au delà de dix mois; et, en émettant cette opinion, je ne fais que répéter ce qu'ont dit avant moi des hommes très-instruits et de bons observateurs.

« Personne n'ignore, dit le docteur Murat (*Dict. des Sc. méd.*, t. 8, p. 526 et suiv., article *Gestation*), que l'accouchement se fait quelquefois à sept mois. Lamothe (*Obs.* 89) cite un exemple extraordinaire, et peut-être le seul connu, d'une famille dont la mère et les filles accouchaient toujours au septième mois. Les maladies, le genre de vie, les passions, un mode particulier dans l'organisation et la vitalité de l'utérus peuvent devenir autant de causes d'irrégularités dans la durée de la grossesse. — La nature peut produire le phénomène de quelques naissances tardives : ces cas, que je crois très-rares, ne sauraient être révoqués en doute. L'expérience fortifie l'opinion que je viens d'émettre. On trouve dans les fastes de la médecine beaucoup de faits bien vus, bien observés, qui prouvent que la grossesse peut être retardée. Parmi les exemples cités par Zacchias, Antoine Petit, Lepecq de la Cloture, de Lignac, Chomel, Fodéré, etc. etc., plusieurs appartiennent à des femmes qui n'avaient aucun motif pour les porter à tromper ; quelques-unes avaient des maris pour médecins, qui se sont assurés, par le toucher, des différentes époques de la grossesse. »

« Les fœtus dans les grossesses composées, dit le même auteur (*Ibid.* vol. XIX, art. *Grossesse*), n'ont donc le plus ordinairement rien de commun. Aussi l'un d'eux peut être expulsé au neuvième mois révolu, ou prématurément, et en quelques cas être suivi de son arrière-faix, sans que cela nuise à l'autre fœtus. » Ce passage n'est guère favorable à l'argumentation de M. Fodéré, en faveur de la superfétation.

Des cultivateurs ont observé depuis long-temps que deux vaches menées au taureau le même jour mettent bas quelquefois à un intervalle de quelques semaines l'une de l'autre. Je suis certain, dit Astruc (*Malad. des femmes*, vol. V, p. 6), que les vaches mettent bas après le neuvième mois complet, mais à des jours différens, les unes le sixième ou le huitième jour du dixième mois, et d'autres le quinzième ou le vingtième.

Un mémoire intitulé *Recherches sur la durée de la gestation des femelles de plusieurs animaux*, lu par M. Tessier à la séance de l'Académie royale des Sciences de Paris, du 5 mai 1817, a fourni à M. Fodéré, qui en a donné un extrait à l'article *Naissance* du *Dict. des Sc. méd.*, t. XXXV, p. 155 et suiv., les résultats suivans :

1° Sur cinq cent soixante-quinze vaches, vingt-une ont mis bas du deux cent quarantième au deux cent soixante-dixième jour; terme moyen, deux cent cinquante-cinq jours.

Cinq cent quarante-quatre ont mis bas du deux cent soixante-dixième au deux cent quatre-vingt-dix-neuvième; terme moyen, deux cent quatre-vingt-quatre jours et demi.

Dix ont mis bas du deux cent quatre-vingt-dix-neuvième au trois cent vingt-unième; terme moyen, trois cent dix jours.

Il y a donc de la plus courte gestation à la plus longue une différence de quatre-vingt-un jours, c'est-à-dire plus d'un quart de la durée moyenne.

2°. Sur deux cent soixante-dix-sept jumens, vingt-trois ont mis bas du trois cent vingt-deuxième jour au trois cent trentième; terme moyen, trois cent vingt-six jours.

Deux cent vingt-sept ont mis bas du trois cent trentième au trois cent cinquante-neuvième;

terme moyen, trois cent quarante-quatre jours et demi.

Vingt-huit ont mis bas du trois cent soixante-unième au quatre cent dix-neuvième; terme moyen, trois cent quatre-vingt-dix jours.

Il y a donc eu parmi les jumens, de la plus courte gestation à la plus longue, une différence de quatre-vingt-dix-sept jours, et pareillement plus d'un quart de la durée moyenne.

3° On n'a observé que deux ânesses : l'une a mis bas au trois cent quatre-vingtième, et l'autre au trois cent quatre-vingt-onzième jour.

4° Sur neuf cent douze brebis, cent quarante ont mis bas du cent quarante-sixième au cent cinquantième jour; terme moyen, cent quaquante-huit jours.

Six cent soixante-seize ont mis bas du cent cinquantième au cent cinquante-quatrième; terme moyen, cent cinquante-deux jours.

Quatre-vingt-seize ont mis bas du cent cinquante-quatrième au cent soixante-unième; terme moyen, cent cinquante-sept jours et demi.

Ici la différence d'un extrême à l'autre n'est que de quinze jours.

5° Sur sept bufles, le terme moyen a été de trois cent huit jours, et les différences extrêmes de vingt-sept jours.

6° Sur vingt-cinq truies, les gestations extrêmes

ont été de cent neuf et cent quarante-trois jours.

7° Sur cent soixante-douze lapines, les termes extrêmes de gestation ont été vingt-sept et trente-cinq jours; différence, huit jours.

8° Quant à la durée de l'incubation des œufs des oiseaux domestiques, on y observe des différences de cinq à six jours. M. Tessier pense qu'on ne peut pas les attribuer à des différences accidentelles de température; car, dit-il, d'après les observations de M. Geoffroy Saint-Hilaire, on retrouve les mêmes différences dans la durée du développement des poulets que les Égyptiens font éclore dans des fours: il conclut de cet ensemble d'observations que la durée de la gestation est très-variable dans chaque espèce, et ajoute que sa prolongation ne lui a paru dépendre ni de l'âge, ni de l'individu femelle, ni de sa constitution plus ou moins robuste, ni du régime, ni de la race, ni de la saison, ni du volume du fœtus, et encore moins des phases de la lune; ce qui ne prouve pas qu'il ne puisse en être autrement pour la durée de la gestation des femmes, sur qui les affections morales, les contraintes et les usages de la société, la menstruation, les pertes utérines, la station, etc., doivent avoir une influence dont les brutes sont exemptes.

Feu le professeur Darcet a observé que des œufs d'une même couvée, un était éclos le treizième jour, deux le dix-septième, trois le dix-dix-huitième, cinq le dix-neuvième, et que d'autres n'étaient pas éclos le vingt-unième jour. Mais, pour apprécier ces différences et en tirer une conclusion, il faudrait savoir si, avant l'incubation, la température du lieu où les œufs étaient déposés ou quelque autre circonstance n'avaient pas commencé à opérer un développement inégal sur les œufs, développement qui aurait été achevé par l'incubation; cette considération est d'autant moins à négliger, que l'expérience prouve que la chaleur de l'incubation peut être suppléée artificiellement. Après avoir fait mention des précédens résultats, M. Fodéré dit : « Nous pourrions ajouter au témoignage des modernes, aux rapports que j'ai reçus des agriculteurs, et qui sont conformes à ceux de M. Tessier, le témoignage de quelques anciens, entre autres de Varron, qui, comme l'on sait, s'est beaucoup occupé d'agriculture, et celui d'Albert-le-Grand, qui a passé sa vie à l'étude des choses naturelles. Ainsi nous pouvons croire à la réalité des observations de naissances tardives, qu'opposaient les célèbres Petit et Bertin à leurs adversaires non moins célèbres, Louis et Bouvard : il est même vraisemblable que si les époques de la conception pouvaient être aussi bien fixées chez la femme que chez les femelles des animaux; que si le seul signe positif qu'elle puisse donner de son nouvel état dans les premiers temps, n'était pas si souvent décevant, on trouverait dans la durée de la grossesse un bien plus grand nombre d'anomalies. Toujours est-il vrai que, puisque les animaux que nous ne pouvons pas taxer de tromperie, n'ont pas d'époque absolument fixe pour mettre bas, il y a de l'injustice, lorsqu'il se présente une naissance extraordinaire, de crier à l'impossible, d'après le seul principe arbitraire qu'il y a un terme fixe à la naissance. En se résumant, p. 172, M. Fodéré s'exprime ainsi sur le même sujet: « Quant à la légitimité des posthumes, nés plus tard que l'époque ordinaire, toutes les ressources de la chicane et de l'avarice devront nécessairement échouer devant l'existence des preuves positives qui ont été examinées plus haut, savoir: lorsque les antécédens ne s'opposeront pas à ce que la conception ait pu avoir lieu à l'époque indiquée; que l'enfant réunira les caractères ordinaires à ces naissances (état malingre et air de vieillesse relativement à ceux qui naissent au terme ordinaire); que la grossesse aura été bien constatée à différentes époques; qu'elle aura été accompagnée de circonstances affaiblissantes et des phénomènes qui ont souvent lieu dans ces grossesses (mouvemens tardifs, parfois tumultueux et comme convulsifs, plusieurs retours, à différentes époques, de douleurs simulant celles de l'enfantement, mauvaise santé et air de fatigue dans la mère); qu'enfin son prolongement ne s'étendra pas au-delà de deux mois du terme ordinaire. Ces preuves physiques seront encore fortifiées des preuves morales *relativement à la mère*. »

A ces préceptes que je crois en général raisonnables et justes, en retranchant toutefois l'état chétif ou malingre exigé dans le posthume tardif, parce qu'il peut aussi bien se rétablir que tomber malade dans sa vie utérine, M. Fodéré ajoute ce qui suit sur les naissances précoces (*l. c.*, p. 159) : « Nous entendons par naissance précoce, une naissance qui a lieu naturellement, suivant la marche des naissances ordinaires, long-temps avant le deux cent quatre-vingtième jour, terme le plus commun pour l'espèce humaine, dans laquelle se présente un enfant doué de tous les caractères de maturité vivace, et pouvant conserver la vie. Tels étaient les enfans d'une dame que j'ai connue, qui devenait enceinte presque aussitôt après ses couches, et qui accouchait régulièrement à sept mois révolus, sans accidens préalables, sans hémorrhagie, les choses se passant entièrement comme dans les accouchemens au bout de neuf mois; tels les deux garçons dont parle Lamotte, qui ont vécu très-long-temps, et dont la mère de l'un d'eux, ainsi précoce, eut des filles qui accouchaient de même à sept mois; l'on peut d'autant plus croire à ce témoignage de Lamotte, qu'il remarque plus bas que, d'un grand nombre d'enfans nés à sept mois, et probablement par l'effet d'un avortement (qui arrive par cause accidentelle), la plus grande partie a péri, (*Traité des accouchemens*, l. 1, ch. 15, obs. 80 et 90). » Le même auteur rapporte encore ce qui suit, *ibid.*, p. 165 : « Les naissances précoces paraîtraient même beaucoup moins rares qu'on ne le pense, à en juger par un tableau de M. le docteur F. Lobstein, chef des travaux anatomiques de l'école de Strasbourg, et médecin-accoucheur en chef de l'hôpital civil de la même ville. Ce savant, dont je connais l'exactitude, nous apprend que sur sept cent douze accouchemens pratiqués dans sa salle, du 22 mars 1804 au 31 décembre 1814, il y a eu six cent trente accouchemens à terme, soixante-sept accouchemens prématurés ou précoces, seize avortemens et un accouchement tardif (*Observ. d'accouchemens*, etc., p. 56; *Paris*, 1817). »

J'adopte, à très-peu de modifications près, la doctrine des passages précédens, de M. Fodéré, que je n'aurais cité que comme une autorité respectable, avec moins de détails, si je n'avais voulu me servir de son propre texte comme d'un dernier moyen de conviction à l'appui de l'opinion que j'ai établie dans le chapitre précédent, contradictoirement à la sienne, sur la superfétation. En effet, puisque M. Fodéré convient, d'après les faits que j'ai mentionnés, qu'un enfant né à sept mois est viable, sans qu'il soit prouvé qu'il ne le soit pas un peu avant; et qu'un accouchement tardif peut avoir lieu deux mois après l'époque ordinaire, sans qu'il soit prouvé qu'il ne puisse encore avoir lieu plus tard, car on en cite des exemples appuyés sur de meilleurs témoignages que la superfétation; ne résulte-t-il pas de tout cela que dans une grossesse de jumeaux la naissance précoce de l'un n'empêche pas la naissance tardive de l'autre, quand le placenta et les membranes de chacun sont séparés? C'est ce qui est constaté et expliqué par un grand nombre de faits authentiques, tandis qu'au contraire on ne peut, d'après les propres termes de l'auteur dont je combats l'opinion, se *rendre un compte exact* d'une surconception dont l'impossibilité est d'ailleurs prouvée par la connaissance des causes de stérilité et les phénomènes de la génération, outre qu'on ne peut l'appuyer sur aucun fait authentique, tous ceux que l'on a allégués comme preuves jusqu'à ce jour étant en question ou supposés.

En résumé, puisque le terme de gestation n'est

ni fixe ni invariable, et qu'il peut avoir une extension que la science n'a encore pu déterminer qu'approximativement et seulement pour les cas les plus ordinaires; dès qu'il s'agira d'une exception avec un retard considérable, il faudra, pour les posthumes, établir les probabilités, 1° sur la capacité virile du mari défunt, à l'époque présumée de la conception; 2° sur la moralité reconnue de la mère, sa conduite avant et après la mort de son mari, les accidens qu'elle aura éprouvés, l'état de sa santé, l'époque où elle aura déclaré sa grossesse, la comparaison de celle-ci avec les précédentes, si elle n'est pas primipare; 3° sur la constitution physique de l'enfant, en examinant son développement comparativement à celui des enfans nés au terme ordinaire, s'il a des cheveux plus longs, des os plus avancés dans leur formation, des sutures plus fermes et plus rapprochées, des ongles plus durs et plus blancs, et surtout si la partie du corps inférieure au nombril n'est pas notablement plus courte relativement à la supérieure, que chez les enfans nés au terme ordinaire; car il est d'observation constante que moins un enfant a séjourné dans l'utérus, plus la partie du corps supérieur au nombril surpasse l'inférieur en grandeur. On estime que la longueur ordinaire de l'enfant est de 12 pouces à six mois, de 14 à sept, de 16 à huit, et de 18 à 20 à neuf.

Sa pesanteur, lorsqu'il est à terme, est ordinairement de six à sept livres, et il y en a très-peu qui pèsent moins de trois livres ou plus de huit livres. S'ils naissent avant terme, ils ont l'épiderme plus mince, sont plus rouges ou moins blancs et moins velus, ont les ongles plus petits, et la partie du corps située au dessous du nombril beaucoup moins développée que lorsqu'ils sont à terme.

Quant à la viabilité de l'enfant, qui consiste dans une maturité de développement suffisante pour faire présumer qu'il vivra, ce n'est point en assigner le caractère que de la déterminer par l'époque de la naissance, et d'exiger qu'il ait eu sept mois d'existence utérine, comme cela se fait assez généralement en médecine et en jurisprudence, puis qu'au lieu de décider la question par-là, on en remet la décision à la mère, qui peut tromper par intérêt ou se tromper de bonne foi, sur des indices mal appréciés par elle. Au titre des *Donations et Testamens*, le Code civil dit que, pour être capable de recevoir entre vifs, il suffit d'être conçu au moment de la donation, et que, pour être capable de recevoir par testament, il suffit d'être conçu à l'époque du décès du testateur; mais que néanmoins la donation et le testament n'auront leur effet qu'autant que l'enfant sera né viable. Résumant toutes les lois anciennes à l'article *des Successions*, le même code dit que, pour succéder, il faut nécessairement exister à l'instant de l'ouverture de la succession; qu'ainsi sont incapables de succéder l'enfant qui n'est pas encore conçu et l'enfant qui n'est pas né viable. Si l'enfant donataire n'est pas vivant en naissant, quoiqu'il suffise qu'il ait été conçu au moment de la donation, c'est comme s'il n'avait pas existé, puisque la donation n'a été faite que dans l'espoir qu'il vivrait; s'il n'est pas viable, c'est également comme s'il n'avait pas vécu, puisque c'était dans l'espoir qu'il vivrait qu'il était constitué héritier. La loi romaine (*de posthum. Hœred. instit.*) supposait que l'enfant parfaitement développé à sa naissance était viable : *vivus perfectus natus sit.* Mais quelle est cette perfection de l'enfant vivant à sa naissance? Ce ne peut être qu'une aptitude physique à conserver la vie hors du sein maternel; d'où je conclus que si un enfant, né à six mois ou six mois et demi, présente plus de maturité physique et une plus grande aptitude à conserver la vie qu'un autre qui naîtra à sept mois, il y aurait une inconséquence et de l'injustice à traiter le premier comme un avorton inhabile à succéder, tandis que le dernier serait déclaré viable. Je ne crois donc pas, avec M. Fodéré, qu'il soit juste de considérer une naissance avant l'époque de sept mois comme un avortement, et son produit comme un avorton incapable de vivre et de succéder, sans aucune exception, en circonscrivant la viabilité et l'accouchement précoce entre le septième et le neuvième mois, quoique dans la règle la viabilité soit indubitablement moins contestable dans cette circonscription.

D'après ces considérations, je pense, vu l'incertitude ordinaire de l'époque de la conception chez les femmes et l'impossibilité d'apprécier au juste le temps que l'enfant a séjourné dans la matrice, je pense, dis-je, que la durée présumable de la gestation n'est pas le point principal à considérer, puisqu'on n'en peut déduire la viabilité que sur des témoignages suspects et des apparences trompeuses, mais qu'on reconnaît celle-ci, 1° à la bonne conformation de l'enfant; 2° à l'exercice facile de fonctions vitales telles que la respiration, la succion, la déglutition, l'évacuation du méconium, des urines, et la force des mouvemens et des cris. Voilà, avec le volume des os, la couleur et la mesure du corps et de ses parties, la force de l'épiderme, la couleur, la consistance et la grandeur des ongles, la différence de longueur de la division supérieure du corps et de l'inférieure par le nombril, ainsi que la docimasie pulmonaire, en cas de mort, le tout comparativement avec d'autres enfans reconnus viables, quels sont les caractères dont je ferais dépendre la viabilité, et ce sont aussi ceux qui me feraient établir d'une manière conjecturale la durée de l'existence fétale.

Voici, pour terminer, une question de viabilité qui a été soumise à la Faculté de médecine de Strasbourg, en 1820, laquelle est rapportée par M. Fodéré à l'article *Viabilité*, du *Dict. des Sc. méd.*, v. 57, p. 421 et suiv. : Une dame de Turin, âgée de vingt ans, meurt *ab intestat*, le 28 octobre 1818, dans le dernier terme de sa grossesse et au dixième jour d'une fièvre putride ; immédiatement après qu'elle eut rendu le dernier soupir, à deux heures et demie du matin, on en retira, par l'opération césarienne, une fille encore vivante, mais qui mourut au bout de treize minutes, et dont on ne fit pas l'ouverture. Le mari, seul témoin de l'opération avec le chirurgien qui l'a faite, se déclare héritier de l'enfant, appuyant ses prétentions sur la déclaration du chirurgien, qui porte « que la petite fille avait tous les caractères de maturité, et qu'elle était vivante, ce qu'il avait reconnu à des mouvemens des jambes et des pieds qui ont eu lieu avant, durant et après l'opération ; à ce que l'enfant a ouvert les mains qui étaient fermées ; à ce qu'en coupant le cordon ombilical, le sang a jailli, et qu'on sentait des battemens tant à ce cordon qu'aux artères carotides et à la région du cœur ; à ce qu'en versant de l'eau sur la tête de l'enfant, pour lui administrer le baptême, il en résulta un mouvement des lèvres et de la bouche, et une impression qui détermina une inspiration ; à ce qu'enfin la chaleur naturelle des membres était conservée ; qu'après avoir vécu à peu près treize à quatorze minutes, il sortit à l'enfant quelques gouttes de sang du nez, qu'il devint pâle, étendit ses membres, ferma les yeux, et mourut. » Les frères de la défunte formèrent opposition, et, durant la procédure pendante pardevant le sénat de Turin, des membres distingués de la Faculté de médecine de cette ville proposèrent à celle de Strasbourg les deux questions suivantes : 1° « S'il est suffisamment prouvé, par les mouvemens dont il est parlé dans la déclaration ci-dessus, que l'enfant en question a vécu d'une vie qui le rendait habile à succéder ; qu'il était né viable par suite de l'opération faite à sa mère déjà morte, et qu'il ait réellement respiré ? 2° Si l'autopsie cadavérique, qu'on a négligé de faire, n'eût pas été d'un grand secours pour s'éclairer sur la véritable vie dont cet enfant a vécu, et sur la cause de sa mort, qui a été si prompte ? » La Faculté a nommé une commission pour lui faire un rapport, composée de MM. les professeurs Lauth, Lobstein, Flamant, Tourdes et Fodéré, lequel avait aussi été consulté séparément, et il a été décidé à l'unanimité négativement pour la première question, et affirmativement pour la seconde.

FIN.

BIBLIOTHEQUE NATIONALE DE FRANCE
3 7531 03987119 0

www.ingramcontent.com/pod-product-compliance
Ingram Content Group UK Ltd.
Pitfield, Milton Keynes, MK11 3LW, UK
UKHW020425200726
13857UKWH00002B/294